미래에는 어떤 일을
해야 할까요?

미래에는 어떤 일을 해야 할까요?
미래직업에 대해 알아보아요
ⓒ 오평선, 장홍현, 옥윤성, 2021

초판 1쇄 2021년 9월 13일 펴냄
초판 2쇄 2021년 12월 1일 펴냄

지은이 오평선, 장홍현, 옥윤성
펴낸이 김성실
책임편집 김성은
표지디자인 랄랄라디자인(010-8772-6606)
일러스트 랄랄라디자인
제작 한영문화사

펴낸곳 원타임즈   등록 제313-2012-50호(2012. 2. 21)
주소 03985 서울시 마포구 연희로 19-1 4층
전화 02)322-5463   팩스 02)325-5607
전자우편 sidaebooks@daum.net

ISBN 979-11-88471-27-0 (43500)

오평선, 장홍현, 옥윤성 지음

미래에는 어떤 일을 해야 할까요?

미래직업에 대해 알아봅시다

WINTIMES

안녕하세요, 여러분!

선생님은 오랜 기간 미래 세대인 어린이와 청소년들을 수없이 만났어요. 만나서 진로진학상담을 통해 자신에게 적합한 적성을 찾아 직업을 선택하도록 조언하고 도움을 주는 일을 하고 있어요.

여러분도 알다시피 수명은 점점 무섭게 늘어 일해야 할 날도 매우 길어지고 있어요.

"어떤 일을 하면서 살아갈 것인가?"라는 주제로 상담을 하다 보니 여러분이 성장해서 직업 활동을 할 미래는 어떻게 달라져 있을지, 또 어떤 직업이 사라지고 생겨날지 오랜 시간 정리를 해 왔어요.

아직 눈에 보이지 않는 것들을 조사하고 정리하는 일이 쉽지는 않지만 여러분에게 알려주고 싶은 생각에 포기하지 않고 꾸준히 연구해 이렇게 책으로 펴내게 되었어요.

선생님도 가보지 않았고 경험하지 못한 미래 이야기여서 모든 것이 정확하다고 확신할 수는 없어요. 미래는 불확실해서 누구도 내가 말한 것이 답이라고 할 수는 없겠지요.

한 가지 분명한 것은 미래는 여러분의 세상이에요. 이 책을 참고하여 여러분이 앞으로 자신의 미래를 어떻게 만들어갈지 고민하는 계기가 되었으면 해요.

　이 책이 진로를 결정하는 데 여러분과 부모님께 좋은 길잡이가 되기를 바라요.

오평선

| 차 례 |

선생님, 미래를 어떻게 준비해요?

여러분, 멋진 미래를 응원해요

선생님,
직업이 뭐예요?

1 。． ． ．

직업이란 무엇일까요?

여러분, 갖고 싶은 것을 사려면 돈이 있어야겠죠? 대부분의 학생은 아직 돈을 벌 수 없으니 부모님께 용돈을 받아서 필요한 것을 사고 있어요. 그런데 여러분이 성장하여 어른이 되면 스스로 돈을 벌어서 써야 해요. 살아갈 집도 필요하고, 옷도 사야 하고 병원에도 가는 등 생활에 필요한 것을 하기 위해서는 돈이 필요해요. 그렇기 때문에 일을 해야 겠죠?

네, 그래요. 직업*이란 돈을 벌기 위해 자신의 시간을 쓰고 노력해야 하는 일이에요. 일을 해야 할 다른 이유도 있어요. 사람은 돈만 있다고 해서 행복하다고 할 수 없어요.

> **직업**
> 생계를 유지하기 위하여 자신의 적성과 능력에 따라 일정한 기간 동안 계속하여 종사하는 일. 개인이 수입을 얻기 위하여 정신적 또는 육체적으로 일정 기간 계속해서 종사하는 일을 말한다. 생계유지뿐 아니라 원만한 사회생활과 성숙한 자아실현을 위한 수단이다.

여러분은 학교에서 친구들과 함께 생활하는 것이 즐겁죠? 학교를 졸업하면 친구들은 제각각 자신의 일을 찾아가요. 새로운 곳에서 또 다른 친구들을 사귀게 되죠.

사회생활은 더불어 함께하는 거예요. 그렇기 때문에 여러분도 즐거운

사회생활을 위해 새로운 환경에서 친구들을 사귀게 될 거예요. 보통은 자신이 일하는 곳에서 새로운 친구들을 많이 사귀게 되지요.

또 다른 이유가 있어요. 여러분이 어떤 악기를 배워서 연주를 했어요. 그 연주를 들은 사람들이 감명 받아 박수를 치며 칭찬하면 뿌듯하죠. 스스로도 자신의 노력에 보람을 느끼게 될 거예요. 그런 것처럼 일이란 자신의 능력을 발휘해 다른 사람들에게 이로움을 줘요. 그러면 자신감도 생기고 보람도 느끼며 더 잘하기 위해 노력을 하게 되죠.

학부모 TIP

아이들의 성장 단계에 따라 경제적인 관념을 심어줄 필요가 있습니다. 경제 개념이 잘 잡힐수록 직업과 직업 활동의 필요성으로 연결이 가능합니다.

2 ● ● ● ●

미래에 없어질 직업에는 어떤 것이 있을까요?

여러분이 지금부터 열심히 준비해서 어른이 되어 일을 시작하려고 해요. 그런데 그 직업이 사라져버렸다면 어떻겠어요? 무척 당황스럽고 곤란하겠지요.

최근 들어 사물인터넷, 가상현실, 무인자동차, 빅데이터, 3D프린팅, 인공지능, AI로봇이라는 말을 자주 들어보았을 거예요. 이런 기술들을 합쳐서 4차 산업혁명이라고 해요.

인공지능이란 컴퓨터가 사람의 두뇌와 같은 기능을 하게 되는 거예요. 알파고AlphaGo와 이세돌 기사가 바둑으로 대결했던 것을 알지요? 이세돌 기사는 바둑의 최고 실력자예요. 그런데 인공지능과의 대결에서 결국 알파고가 4승 1패로 이세돌에게 승리해서 세상을 깜짝 놀라게 했어요.

인공지능이란 알파고처럼 인간보다 뛰어난 학습 능력, 이해 능력 등을 갖게 되는 거예요. 그 능력이 어느 수준까지 발전할지는 예측하기도 어려울 정도예요.

미국의 인공지능 왓슨은 약물 정보로 신약을 개발하고 있어요. 인간이 신약을 개발하면 15년 정도 걸리는데 왓슨은 3년으로 당길 수 있다고 해요.

캘리포니아대학교 교수이자 로봇 매커니즘연구소 소장이며 세계적인 로봇공학자인 데니스 홍 교수를 아시나요? 세계 최초로 시각장애인이 직접 운전하는 자동차를 개발한 분이에요. 또 미국 최초로 휴머노이드 로봇 개발, 재난 구조용 로봇 개발, 2011년부터 2015년까지 로보컵대회 5회 우승으로도 유명한 분이에요.

또 로보컵대회 우승 및 최고의 휴머노이드 상을 수상하고 평창 동계올림픽 로봇스키대회 프로젝트를 진행하신 한재권 박사님에 대해서도 들어봤을 거예요. 이분은 변신로봇을 만들겠다는 꿈을 현실로 만들고 계세요.

스타워즈 등 상상으로만 꿈꿔왔던 로봇*이 이제는 우리 생활 속으로 가까이 왔어요. 로봇은 프로그램에 의해 자신에게 주어진 일을 자동으로 처리해요.

산업현장에서는 이미 자동차를 조립하는 등 많은 일을 로봇이 하고 있어요. 이런 산업용 로봇뿐 아니라 기상을 관측하는 로봇, 극한 작업을 대신하는 로봇, 바이오 로봇 등이 활동을 하고 있어요.

구글이 투자해서 만든 무인택시, 일명 로봇카가 상업용으로 나오기 위해 시험주행을 끝내고 실제 운행할 단계라고 해요. 여러분이 타고 다니는 지하철도 무인으로 운행하기 시작했어요.

공상과학영화에서 로봇이 수술하

> **로봇**
> 스스로 보유한 능력에 의해 주어진 일을 자동으로 처리하거나 작동하는 기계. 일반적으로 로봇을 상상할 때에는 사람의 모습을 한 조형물 내부에 기계장치를 조립해 넣고, 손발과 그 밖의 부분을 본래의 사람과 마찬가지로 동작하는 자동기계를 가리켰다. 극한작업로봇, 기상관측용 로봇, 바이오로보틱스, 산업용로봇, 시각로봇, 안드로이드, 오토마톤, 지능로봇, 퍼스널로봇 등이 있다.
>
> 출처: 두산백과

는 장면을 본 기억이 있나요? 이제 그런 모습이 상상 속에 있는 것이 아니라 현실이 되고 있어요. 수술 로봇이 등장한 거죠. 정밀한 수술도 가능하고 사람이 수술하는 것보다 실수도 적고 수술 경과도 좋다고 해요. 수술 로봇은 우리나라 큰 병원에 많이 들어와 있어요. 아직은 수술 비용이 비싸고 의사들의 수술을 돕는 정도지만 앞으로 더 많은 발전이 이뤄지면 로봇이 수술을 전담할 날이 올 가능성이 높아요. 로봇 다빈치 시대가 열리는 거죠.

미국의 인터넷 쇼핑몰인 아마존에서는 상품 배송을 드론이 하기 시작했어요. 우리나라도 얼마 전에 한강에서 시험비행을 했지요. 생각해 보면 우리 생활 속에서도 소리 없이 많은 변화가 생기고 있어요. 예전에는 돈을 맡기거나 찾으려면 꼭 은행에 가야 했어요. 요즘은 인터넷뱅킹이나 모바일뱅킹이 발달해 은행에 갈 일이 많지 않아요. 그러다보니 은행 창구에서 일하던 은행원의 수가 많이 줄었지요.

미래학자들이나 연구기관에서는 일자리가 인공지능*으로 인해 많이 사라질 것이라고도 예측했어요. 특히 구글이 선정한 세계 최고의 미래학자 토마스 프레이Thomas Frey 다빈치연구소장은 2030년까지 20억 개 이상의 일자리가 없어진다고 예측했어요.

이런 내용을 읽으면 여러분은 어떤 생각이 드나요? 기술이 발달하면 생활이 편리해지겠다는 생각도 들겠

> **인공지능**
> 인간의 학습 능력과 추론 능력, 지각 능력, 자연 언어의 이해 능력 등을 컴퓨터 프로그램으로 실현한 기술이다. 인간의 지능으로 할 수 있는 사고, 학습, 자기 개발 등을 컴퓨터가 할 수 있도록 하는 방법을 연구하는 컴퓨터 공학 및 정보기술의 한 분야로서, 컴퓨터가 인간의 지능적인 행동을 모방할 수 있도록 하는 것을 인공지능이라고 말하고 있다.
> 또한 인공지능은 그 자체로 존재하는 것이 아니라, 컴퓨터 과학의 다른 분야와 직간접으로 많은 관련을 맺고 있다. 특히 현대에는 정보기술의 여러 분야에서 인공지능적 요소를 도입하여 그 분야의 문제 풀이에 활용하려는 시도가 매우 활발하게 이루어지고 있다.
> 출처: 두산백과

지만 한편으로는 인공지능이나 로봇이 일자리를 차지할수록 인간의 일자리가 그만큼 줄어들겠다는 생각도 들지 않나요?

이런 예측 자체로도 걱정이 되겠지요.

'정말 사람의 일자리가 다 사라지면 어떻게 하지?'

'그럼 나는 어떤 일을 해야 할까?'

하지만 걱정할 필요는 없어요. 일자리는 없어지기도 하지만 새로운 일자리가 생겨나기도 한답니다. 단순한 일은 많이 없어지겠지만, 수준 높은 능력이 요구되는 일은 오히려 늘어난다고 해요. 특히 컴퓨터, 건축, 공학, 전략 등의 다양한 분야에서 전문가를 확보하기 위한 경쟁이 치열할 것이라고 하니 희망이 있어요. 기술적 능력보다는 소통 및 설득 능력, 감성 능력, 학습 능력 등이 필요하다고 해요.

걱정만 할 것이 아니라 사라질 가능성이 높은 일자리는 피하고, 새로 생겨날 일자리가 무엇인지 알아보고 대비하면 되겠지요. 기술이 발달하면서 반복적인 일이나 힘든 노동, 위험한 일 등은 대부분 기계가 대신 할 것 같아요.

저명한 분들이나 기관이 미래를 예측한 말들을 소개할게요.

"3D프린팅은 인터넷보다 큰 영향력을 발휘할 것이다."

_크리스 앤더슨(세계적 저널리스트)

"빅데이터가 의사들의 80퍼센트를 대체할 것이다."

_비노드 코슬라(벤처 투자가)

"2030년에는 뉴스의 90퍼센트를 컴퓨터가 쓸 것이다."

_크리스티안 해먼드(내러티브 사이언스 CTO)

2045년이면 지금의 일자리의 80퍼센트를 인공지능이 완전히 대신할 것이다. 현재 초등학교 어린이의 65퍼센트는 전혀 새로운 유형의 직업에 종사할 것이다.

_2017년 《유엔미래보고서》

"인류는 여태껏 겪은 변화보다 다가올 20년간 더 많은 변화를 보게 될 것입니다."

_토마스 프레이(미국 미래학자)

학부모 TIP

부모가 아이들보다 앞서 미래의 변화를 이해하는 것은 매우 중요합니다. 산업구조와 기술의 변화는 결국 직업 세계의 변화로 이어지겠지요. 자녀에게 직업을 추천할 때도 현재의 기준으로 판단하기보다는 미래 가능성, 즉 미래를 예측하고 직업을 찾아야 합니다. 4차 산업혁명은 이전에 겪었던 변화와는 비교가 안 될 정도로 급속히 진행되고 있고 갈수록 속도가 빨라진다고 합니다.
부모의 역할은 아이들을 올바른 방향으로 길잡이를 해주는 것이지요. 올바른 방향을 제시하기 위해서는 부모가 앞서 변화되는 세상을 알아야겠지요. 그래야 사랑하는 자녀에게 시행착오를 최소화하며 자신의 길을 찾도록 도와줄 수 있어요.

3

직업을 고를 때 중요한 것은 무엇일까요?

직업의 종류는 헤아릴 수 없을 정도로 많은데 세월 따라 많은 직업이
사라지고 새로 생겨나요. 우선 어떤 직업들이 있는지, 사라질 직업은
어떤 것이고 새로 생겨날 직업은 어떤 것인지 아는 것이 중요해요. 직
업의 선택은 현재를 기준으로만 판단해서는 안 된다는 것을 앞에서도
이야기했지요? 특히 4차 산업혁명으로 인해 사라질 직업과 새로 생길
직업이 무엇인지 알아볼 필요가 있어요. 그래서 직업은 움직이는 것이
라고도 말해요.

   교육부와 한국직업능력개발원이 발표한 '2019년 초·중등 진로교육
현황조사' 결과를 보면서 선생님은 걱정이 되었어요. 조사 결과 초등학
생의 희망 직업 순위를 보면 1위 운동선수, 2위 교사, 3위 크리에이터,
4위 의사, 5위 조리사(요리사)라고 되어 있어요.

   순위에 있는 희망 직업이 대부분 현재 있는 직업들이에요. 물론 이
직업들을 희망하는 것이 잘못된 것은 아니예요. 하지만 '이 직업들이
과연 미래에는 어떠할까?' 생각해보면 오래도록 이 직업들에 대한 희
망이 이어지고 있다는 점에 걱정이 돼요. 왜냐하면 직업은 현재를 보

는 것이 아니라 미래를 보고 결정해야 하는 것이니까요.

그래도 긍정적인 것은 크리에이터, 생명·자연과학자, 연구원 등 희망 직업이 다양해지고 있다는 거예요. 중요한 것은 그 직업이 내가 좋아하고 잘할 수 있는 일인지 알아보고 결정해야 해요. 직업생활은 경쟁 속에 있어요. 경쟁에서 이겨야 그 일을 갖게 되고 오래 지속할 수 있거든요. 좋아하고 잘하는 일을 하게 되면 누가 뭐라고 하든 스스로 그 일을 알아가고 더 잘하기 위해 노력할 거예요. 그러다 보면 자연스럽게 경쟁력을 갖게 되지요.

'내가 좋아하고 잘하는 것이 무엇일까?'

생각해봐도 대답이 바로 나오지 않거나 한두 가지는 알겠지만 쉽게 떠오르지 않는다고요? 그럴 수 있어요. 아직 자신에 대해 정확히 다 알지 못할 수 있어요.

어른들도 마찬가지예요. 자신에 대해 다 알지는 못해요. 그래서 초등학교 4학년 정도 되면 객관적인 자기 파악을 위해 진로적성검사를 하고 상담을 받기도 해요. 나의 성격, 능력, 흥미, 가치관 등 객관적인 검사와 상담을 통해 자신을 이해하는 거예요. 직업을 선택하기 전 먼저 해야 하는 것은 자신에 대한 정확한 이해예요.

미래학자들의 말에 따르면, 여러분은 평생 다섯 개 이상의 직업을 가지고 살아갈 것이라고 해요. 평균적으로 약 60년 이상 일을 하게 된다면 그 예측이 맞을 거예요. 그렇다고 해서 전혀 다른 분야의 직업을 다섯 개 이상 갖는다는 것은 아닐 거예요. 어떤 분야든 집중하고 노력해서 전문가가 되면 그로 인해 연관되는 다른 직업을 추가로 늘려갈 수 있겠지요.

프리랜서 아나운서이자 현 KBS 성우인 이다슬 씨는 아나운서와 성우로 활동하면서 요가와 댄스, 스피치 강사로도 활동해요. 이렇게 직업이 다섯 개지요.

프리랜서이기 때문에 시간 활용이 자유로워서 다섯 가지 일을 하며 하루 6시간 정도 일한다고 해요. 서울대학교를 졸업하고 유명 댄스팀에서 댄서로 활동했고, 지방 방송사 아나운서로 활동하다 성우로 변신했어요. 이분이 "한 가지 일에 갇히고 싶지 않다"며 "현재 하고 있는 일, 할 수 있는 일, 하고 싶은 일 모든 것이 직업일 수 있다"고 했대요.

이처럼 다섯 개의 직업은 이분이 경험한 직업 활동과 연결된다는 것이에요.

학부모 TIP

아이들이 선호하는 직업은 대부분 부모의 영향에 의한 것이 많다고 합니다. 기관에서 조사한 자료를 보니 학부모가 인식하는 직업 수는 평균 41개라는 것을 보고 우려가 되었습니다. 직업은 다양합니다. 우리나라에는 약 1만 3,000개, 세계적으로는 약 3만 개의 직업이 존재한다고 합니다. 대부분 안정적인 직업, 특히 현재의 관점으로 아이들에게 직업을 권하는 것 같습니다. 현재 안정적이라고 여기는 직업이 아이들이 자라서 직업 활동을 할 때도 그럴지 깊이 생각해봐야 합니다.

직업을 현재 기준으로 판단하면 나중에 어려움을 겪게 됩니다. 특히 인공지능의 발달은 직업 세계에도 큰 변화를 가져다줄 것입니다. 현재뿐 아니라 미래에도 존재할 직업, 또는 새로 생겨날 미래직업에도 관심이 필요합니다.

직업 결정의 출발은 자기 이해라고 합니다. 자신의 성격, 능력, 흥미, 가치관이 어떤지 객관적인 검사를 해보고 전문가 상담을 받아 보는 것이 필요합니다. 추천되는 직업 중에 변동성과 가능성을 따져보고 아이가 호기심을 보이는 직업을 세 개 정도로 압축하여 그 직업에 대해 자세히 알아보는 기회를 주는 것이 좋습니다.

경험을 쌓고 직업 관련 체험을 하거나 직업 관련 도서를 읽도록 하여 직업을 제대로 알아보고 신중히 결정하도록 하는 것이 좋습니다. 모든 직업은 어려움이 따르게 마련입니다. 어려운 것이 무엇인지도 알아보고 그 어려움보다 보람과 가치, 보상이 크면 그 직업을 선택하는 것이지요. 이런 과정을 거쳐 결정해야만 확신이 생겨서 그 직업을 준비하는 데 집중하게 됩니다.

선생님,
미래의 직업이 궁금해요

4

미래직업에는 어떤 것이 있을까요?

여러분도 미래에는 어떤 직업이 생길지 궁금하지요? 선생님도 궁금해서 오랜 기간 연구를 했어요. 자, 이제 선생님과 타임머신을 타고 미래로 떠나볼까요? 먼저 분야별로 크게 나누어 보기로 해요.

1. 환경에너지
2. 의료·생명
3. 생활·개인 서비스·문화
4. 교통·우주
5. 첨단기술
6. 융합·ICT·유비쿼터스
7. 복지·실버산업
8. 환경·기후
9. 경영·마케팅·금융
10. 세계·글로벌

1. 환경에너지

환경감시관리전문가
우주에너지시스템개발자
폐기물에너지화연구원
대체연료자동차개발자
세계자원관리자
에너지수확전문가 or 에너지하베스팅전문가
미세조류전문가
신소재개발기술자, 신소재배터리기술자

환경감시관리전문가

Q 어떤 일을 하나요?

A 환경 감시용 드론으로 오염물질 배출을 감독하는 전문가예요. 드론을 이용하여 환경을 감시하는 곳은 산업단지와 같은 공장 밀집지역과 폐수처리시설, 쓰레기 매립시설 등 오염 취약지역이에요.

Q 어떤 능력이 필요한가요?

A 자연친화지능, 논리수학지능, 시각공간지능, 분석력과 집중력이 필요해요. 환경공학과, 생명공학과, 기계공학과, 드론학과 등을 전공하면 도움이 돼요. 환경과 자연을 보호하려는 투철한 사명감이 있어야 하고, 드론을 잘 조종할 수 있는 자격증을 취득하면 좋아요.

Q 어떤 경험이 필요한가요?

A 환경과 생태 관련된 곳에서의 체험학습을 통해 환경과 생태, 즉 자연환경의 소중함을 경험하면 자연친화지능이 개발되는데 큰 도움이 돼요. 논리수학지능을 키우기 위해서는 환경 관련 서적을 읽으면서 독서토론을 하고 환경보호 연구, 생태학습체험보고서, 관찰학습보고서 등을 꾸준히 작성하면 도움이 돼요.

Q 전망은 어떤가요?

A 2017년부터 환경 감시 드론 상용화를 시작하여 앞으로 환경 감시용 드론을 다양하게 활용할 전망이에요. 따라서 환경감시관리전문가는 지금보다 더 많이 필요하게 되겠지요. 드론을 잘 조종하는 드론조종전문가, 광학확대렌즈와 열화상카메라 등의 개발전문가도 함께 성장할 것으로 전망돼요.

우주에너지시스템개발자

Q 어떤 일을 하나요?

A 전기를 우주에서 생산하는 우주에너지 발전 시스템을 설계하고 에너지의 손실을 줄이면서 지구로 보내는 전력 전송 기술을 연구하는 전문가예요. 우주에너지는 우주 태양광 발전 시스템으로, 우주공간에서 얻어지는 태양광에너지를 마이크로파*나 레이저로 변환시켜 지구에 무선 전송하고, 지구에서 그 에너지를 전기나 수소 등의 무공해 연료로 변환하여 이용하는 시스템이에요.

> **마이크로파**
> 파장이 1mm~1m에 이르는 전자파로 통신기기, 레이더, 와이파이(Wi-Fi), 전자레인지 등에 널리 사용됨.

Q 어떤 능력이 필요한가요?

A 논리수학지능, 시각공간지능, 분석력과 집중력이 필요해요. 특히 수학과, 물리학과, 전기전자공학과, 기계공학과, 우주공학과, 에너지공학과 등 관련 학과에서 학습을 통해 논리수학지능을 강점으로 개발시켜야 해요. 우주에너지를 연구해야 하기 때문에 기본적인 우주 환경에 대한 지식과 에너지에 대한 관심이 필요해요. 이 일은 우주에너지 분야로 글로벌한 영역이기에 영어를 능통하게 할 수 있으면 좋겠지요.

Q 어떤 경험이 필요한가요?

A 전기의 발생 과정, 전기에너지에 대한 이론 및 실제, 우주 체험

등을 할 수 있는 과학관이나 박물관을 견학하면 우주산업의 꿈과 미래의 희망을 심어줄 수 있어요.

전기에너지에 대한 체험은 서울시 서초구에 있는 한국전력전기박물관 견학을 추천해요. 우주에 대한 경험을 위해서는 한국항공대학교 내에 있는 항공우주박물관, 경상남도 사천에 있는 항공우주박물관, 제주도 서귀포시에 있는 제주항공우주박물관, 전라남도 고흥에 있는 나로우주센터 우주과학관, 2020년에 김포공항 내에 개관한 국립항공박물관 견학을 통해 우주에 관한 체험을 해 보세요.

Q 전망은 어떤가요?

A 지금까지는 환경공해를 일으키는 화석연료를 사용하였다면 이제는 우주에서 그대로 에너지를 뽑아 쓰는 기술의 연구가 활발히 진행되고 있으며, 이 에너지는 기존의 열에너지와는 다른 개념의 에너지원을 활용하기 때문에 영점에너지Zero Point Energy라고도 해요. 무한한 우주의 에너지를 활용할 수 있는 우주에너지시스템 개발자의 전망은 매우 밝다고 볼 수 있어요.

일본우주항공연구개발기구JAXA, Japan Aerospace Exploration Agency 에서는 2030년에 상용 시스템 운용 개시를 목표로 연구 개발을 실시하고 있다고 해요.

TIP | 한국전력전기박물관, 항공우주박물관, 제주항공우주박물관
나로우주센터 우주과학관, 국립항공박물관

폐기물에너지화연구원

Q 어떤 일을 하나요?

A The ScienceTimes에 따르면 폐기물에너지화연구원은 고분자 폐기물로부터의 고급 연료유를 생산하는 기술, 가연성 폐기물*로부터 고형연료*나 가스를 생산하는 기술, 유기성 폐기물*을 에너지화하는 기술을 연구해요. 폐기물에너지는 다양한 종류의 가연성 및 유기성 폐기물을 친환경적으로 가공·처리하여 생산한 에너지를 말해요.[1] 폐기물에너지화 연구는 단순한 직업이 아니에요. 지구를 구하고 사회에 기여하는 의미 있고 보람 있는 일이에요.

> **가연성 폐기물**
> 폐합성수지(비닐)와 폐목재 등을 말함.
>
> **고형연료화**
> 쓰레기 중 탈 수 있는 것들을 선별·가공하여 석탄을 대체할 수 있는 연료로 만드는 것임.
>
> **유기성 폐기물**
> 생활 쓰레기 중 인분 및 가축분뇨, 하수슬러지, 농공산업 폐기물, 농임산업 폐기물 등을 말함.

Q 어떤 능력이 필요한가요?

A 논리수학지능, 대인관계지능, 자연친화지능, 분석력이 필요해요. 특히 수학과, 물리화학과, 환경공학과, 생명공학과, 에너지공학과, 고분자공학과 등 관련 학과에서 학습을 통해 논리수학지능을 강점으로 개발시켜야 해요.

연구원들의 상호 협업이 많기 때문에 대인관계가 좋아야 하고 의

---

1) 본 저작물은 https://www.sciencetimes.co.kr/[미래유망직업] 미래의 유망직업 (6)을 참조한 것임.

사소통 능력이 중요해요. 또 연구원은 끈기와 열정이 필요하기 때문에 오랫동안 앉아 있는 훈련을 하는 것도 도움이 돼요.

Q 어떤 경험이 필요한가요?

A 폐기물 에너지화 기술에 대한 관심은 높지만 아직은 독일이나 유럽 등 선진국에 비해 기술 수준이 낮기 때문에 외국 논문을 읽고 이해할 정도의 영어 실력과 독일어를 배워두면 좋아요.

강원도 평창의 신재생에너지전시관, 전북 부안군에 있는 신재생에너지테마파크에서 에너지와 환경에 관련된 다양한 정보와 체험 기회를 가져보세요. 연구원으로서 갖춰야 할 협업 능력을 키우고 대인관계지능을 키우기 위해서는 탐구·탐험 동아리 활동, 이미지리더십 교류 활동 캠프 등 다양한 경험을 하면 좋아요.

Q 전망은 어떤가요?

A 한국환경산업기술원에 따르면 폐기물 에너지화는 폐기물을 변환시켜 연료 및 에너지를 얻는 것으로 폐기물 처리 방법에 따라 물리적·열적·생물학적 기술로 분류돼요. 최근 국제적으로 가연성 폐기물의 고형연료화·유기성 폐기물의 바이오가스화 등 폐기물에너지화가 온실가스 감축의 유력한 수단으로 등장하고 있어요. 폐기물에너지화 기술로 생산된 연료 중 고형 폐기물 연료, 열분해유, 폐기물가스, 매립가스 등은 발전 에너지원으로 사용되며, 바이오 에탄올은 친환경 수송 연료로 각광 받고 있어요. 우리나라는 최근에야 관심이 높아지고 있지만 한국고용정보원에서는 10년 후 유망 직업 분석을 통해 직업 세계의 8대 메가트랜드 중 하나로 촉망받는 직업이 될 것으로 전망하고 있어요.

대체연료자동차개발자

Q 어떤 일을 하나요?

A 대체 연료자동차를 개발하고 제조비용과 사용자 운행비용을 절감할 수 있는 기술적 방법을 연구하는 전문가예요. 대체 연료에는 식물성 바이오디젤 연료, 수소연료전지, 옥수수나 밀에서 생산되는 에탄올, 물 등을 연료로 하는 자동차 개발을 연구해요. 대체 연료자동차를 개발하면 지구온난화가스 배출을 감소시킬 수 있어 지구환경을 보존할 수 있어요.

Q 어떤 능력이 필요한가요?

A 논리수학지능, 대인관계지능, 자연친화지능, 분석력이 필요해요. 특히 수학과, 물리화학과, 생명공학과, 환경공학과, 자동차공학과 등 관련 학과에서 학습을 통해 논리수학지능을 강점으로 개발시켜야 해요.

Q 어떤 경험이 필요한가요?

A 대체 연료에 대한 전시가 있는 과학관과 자동차 관련 박물관 등을 먼저 견학해 보세요.
자동차 관련 박물관은 경기도 용인에 있는 삼성화재 교통박물관, 제주도의 세계자동차박물관, 울산의 주연자동차박물관, 경주세계자동차박물관 등이 있어요. 또 에너지와 관련하여 서울시 마포구에 있는 서울에너지드림센터, 울산의 한국에너지공단 홍보관,

광주와 대구에 있는 녹색에너지체험관, 대전의 미래에너지움체험관도 추천해요.

Q 전망은 어떤가요?

A 중국, 인도 등 신흥국가에서 자동차 판매가 늘고 있어, 환경오염에 대한 문제가 더욱 커질 것으로 예상돼 경제성과 친환경성을 갖춘 대체 연료를 찾기 위한 노력은 계속될 것으로 보여

> **바이오디젤**
> 식물성 오일, 동물성 지방, 혹은 폐식용유 등과 같은 다양한 자원으로부터 얻는 메틸에스테르 연료를 총칭함. 화학구조가 경유와 유사해 디젤의 대체 연료로 사용됨.

요. 수송용 바이오연료인 바이오알코올, 바이오디젤*, 수소연료전지 등이 미래형 자동차에 많이 사용될 것으로 전망돼요.

TIP 삼성화재 교통박물관, 세계자동차박물관, 울산 주연자동차박물관
경주세계자동차박물관, 서울에너지드림센터, 울산 한국에너지공단 홍보관
광주 대구 녹색에너지체험관, 대전 미래에너지움체험관

세계자원관리자

Q 어떤 일을 하나요?

A 경제는 나라마다 연결되어 있어서 세계의 모든 나라가 서로 영향을 주고받아요. 미래 사회의 경제는 나라별로 대륙별로 더욱 가까워지고 세계화될 거예요. 특히 자원은 국가 내에서 대부분 다 발굴하였기 때문에 아프리카나 동남아시아, 북극, 남극 등 새로운 곳에서 발굴하고 판매권을 따는 등 세계화되어 있어요. 박영숙 유엔미래포럼 대표에 따르면 세계자원관리자는 복잡한 자원과 인력의 공급, 에너지 무역, 국제적 고객의 수요, 법률적 요소, 전체 비용에 대한 고려, 프로젝트 계획 등에 대한 세계 전략을 구상하는 사람이에요. 세계자원관리자는 프로젝트의 기획, 연구 및 평가, 효율적인 시스템 구성을 담당하기도 해요. 간단히 말하면 세계자원관리자는 모든 자원(인적·물적)을 파악하고 효율적으로 운영할 수 있는 전문가예요.

Q 어떤 능력이 필요한가요?

A 논리수학지능, 대인관계지능, 언어지능, 의사소통 능력, 논리적 사고력과 창의력, 독창성이 필요해요. 특히 경영학과, 경제학과, 산업공학과 등 관련 학과에서 학습을 통해 세계 경제의 흐름을 이해할 수 있어야 해요.

또 세계자원관리자가 되기 위해서는 그 나라의 언어와 문화를 이해하고 기업마다 가진 문화를 다양하게 이해할 수 있는 능력도 필요해요.

Q 어떤 경험이 필요한가요?

A 다양한 세계 문화를 이해하기 위해 해외 유학, 해외 단기 여행, 글로벌 체험학습 등을 추천해요. 또한 각 나라의 언어, 문화와 경제를 이해하기 위해서 우리나라에 있는 각국 대사관 및 영사관에서 행사하는 문화 행사에 참여해보는 것이 좋아요. 국제NGO단체에서 진행하는 해외 봉사활동도 참여하면 도움이 돼요. 그리고 대인관계 능력, 의사소통 능력을 강화하기 위해 리더십 캠프에도 참여할 것을 권해요.

Q 전망은 어떤가요?

A 세계자원관리자는 세계가 보다 가까워지고 영향을 직접적으로 주고 있기 때문에 그 역할이 매우 크다고 볼 수 있어요. 지금도 에너지 또는 곡물 자원, 인적 자원 등을 관리하는 사람들이 많아요. 앞으로는 그 영향력이 더욱 크기 때문에 《유엔미래보고서》에서도 미래 유망 직업 중 하나로 세계자원관리자를 추천하고 있어요. 따라서 미래직업 전망은 매우 유망하다고 볼 수 있어요.

TIP 각국 대사관 · 영사관, 국제NGO단체 해외 봉사활동

에너지수확전문가 or 에너지하베스팅전문가

Q 어떤 일을 하나요?

A 에너지수확전문가는 버려지는 에너지를 다양한 방식으로 수확
하는 기술을 연구하는 전문가예요. 열에너지를 전기에너지로 바
꾸거나 압력이나 진동의 힘으로 에너지를 수확하는 기술을 연구
해요. 또 전자나 빛으로부터 얻은 에너지를 수확하는 기술뿐
아니라 센서와 저장장치, 무선통신 인터페이스* 등을 개발하고
기술을 연구하는 전문가예요. 에너지수확전문가는 에너지 변환
의 효과를 높이는 기술과 전력을 모으는 기술도 함께 연구해요.

에너지 수확 기술은 변환장치를 개
발하여 일상생활 중 버려지는 에너
지를 사람에게 필요한 에너지로 변
환하는 기술을 뜻해요. 에너지 하베
스팅(수확)은 버려지는 에너지를 수집
해 전기로 바꿔 쓰는 기술이에요.

> **인터페이스Interface**
> 서로 다른 두 개 이상의 독립된 컴퓨
> 터시스템 구성 요소끼리 정보를 교환
> 하는 장치나 프로그램을 의미함. 블
> 루투스Bluetooth는 모바일 기기의 무
> 선 연결을 위한 무선 인터페이스임.

Q 어떤 능력이 필요한가요?

A 논리수학지능, 분석력과 창의력, 의사소통 능력과 협동심이 필요
해요. 특히 물리학과, 기계공학과, 에너지자원공학과, 전자공학
과, 시스템공학과 등 관련 학과에서 학습을 통해 논리수학지능,
논리적인 분석력과 창의력을 키워야 해요.

기계·전자공학 기술에 대한 기본 지식을 갖추면 좋아요. 다양한

전공자들과 협업할 수 있는 능력과 의사소통 능력도 꼭 필요한 기초 역량이에요.

Q 어떤 경험이 필요한가요?

A 다양한 과학적 기초 소양을 기를 수 있는 과학체험관을 주기적으로 방문하여 체험하기를 권해요. 그리고 다양한 창의적 체험 활동 프로그램에도 참여해 보세요.

강원도 평창의 신재생에너지전시관, 전북 부안군의 신재생에너지테마파크에서 에너지와 환경에 관한 다양한 정보를 얻고 체험 기회를 가져보세요. 연구원으로서 갖추어야 할 협업 능력을 기르고 대인관계지능과 의사소통 능력을 키우기 위해서는 탐구·탐험 동아리 활동, 이미지리더십 교류 활동 캠프 등을 다양하게 경험하면 좋아요.

Q 전망은 어떤가요?

A 버려지는 에너지를 전기로 바꾸는 에너지 하베스팅(에너지 수확) 기술은 압력을 전기로 바꾸는 '압전소자', 진동을 전기로 바꾸는 '코일소자'를 이용하기도 해요. 예를 들어 압전소자를 깐 신발을 신고 걷기만 하면 전기를 얻을 수 있는 것처럼요. 아직 본격적인 실용화 단계는 아니지만 가능성을 보여 주는 연구 성과들이 속속 등장하고 있어요. 기술이 더욱 발전되면 음파, 심장박동, 혈압 등 각종 인체 활동의 미세한 진동까지 이용해 발전하는 수준까지 이를 것으로 전망하고 있어요. 심지어는 식물을 통해 발전하는 기술도 개발되고 있어요. 따라서 에너지 수확 기술의 시장 규모는 점점 커질 것으로 예측돼요.

미세조류전문가

Q 어떤 일을 하나요?

A 석유를 대신할 대체에너지로 더욱 주목하는 것이 바로 바이오연료 기술이에요. 바이오연료를 만드는 데 일반적으로 사용되는 옥수수, 콩, 유채는 열대우림이 개발되면서 지구온난화를 증가시킬 수 있어요. 바닷물만 있다면 키울 수 있는 미세조류*를 이용한 기술은 가히 혁신적이라 할 수 있지요. 미세조류는 이산화탄수의 농도를 줄일 뿐 아니라 친환경 자동차의 연료로도 사용할 수 있어요. 따라서 미세조류전문가는 차세대 바이오에너지 기술을 연구하는 전문가예요.

> **미세조류**
>
> 자기 몸무게의 2배 정도의 이산화탄소를 흡수해 광합성에 이용함. 배양을 통해 여러 가지 탄소 기반의 유용물질을 생산할 수 있는 광합성을 하는 단세포 생물임.

Q 어떤 능력이 필요한가요?

A 논리수학지능, 논리적 분석력과 창의력, 의사소통 능력과 협동심이 필요해요. 특히 생물학과, 미생물학과, 유전공학과, 해양학과, 기계공학과 등 관련 학과에서 학습을 통해 미생물 배양 기술에 대한 기본 지식을 갖추어야 해요.

새로운 기술 개발을 위해서 논리적 분석력과 창의력이 필요해요. 또한 기술자들과 원활한 의견을 조율하며 협업할 수 있는 능력이 필요해요.

Q 어떤 경험이 필요한가요?

A 다양한 과학적 기초 소양을 기를 수 있도록 과학체험관을 주기적으로 방문하여 체험하고 창의적 체험 활동 프로그램에도 참여할 것을 추천해요.
부산의 국립해양박물관, 목포어린이바다과학관, 충남 서천의 국립해양식물자원관을 탐방해 보세요. 연구원으로 갖춰야 할 대인관계지능과 의사소통 능력을 키우기 위해서는 탐구·탐험 동아리 활동, 리더십 캠프 등 다양한 경험을 추천해요.

Q 전망은 어떤가요?

A 미세조류는 약 10만 종 이상으로 알려져 있어요. 에너지, 산업소재 생산, 온실가스 저감 분야 등에서 잠재적 가능성을 인정받아 활발한 연구가 진행 중이에요. 글로벌 기업들도 미세조류를 활용한 에너지 분야에 집중적인 투자를 하고 있어요. 삼성경제연구소가 미세조류 활용이 확대될 3대 분야로 에너지, 화학, 환경 분야를 꼽았을 정도로 전망이 있는 직업이에요. 현재는 클로렐라, 스피룰리나와 같이 식품 분야에서 생산이 가장 활발히 이뤄지고 있지만, 앞으로 바이오플라스틱, 의약품, 화장품 원료 등의 분야로도 생산이 확대될 전망이에요.

TIP 국립해양박물관, 목포어린이바다과학관, 국립해양식물자원관

신소재개발기술자, 신소재배터리기술자

Q 어떤 일을 하나요?

A 꿈의 신소재라고 할 수 있는
것에는 탄소로 이루어진 탄
소구조체인 그래핀*, 탄소
나노튜브*, 플러렌* 등이 있
고, 공기처럼 가벼운 고체인
에어로젤* 등이 있어요. 신
소재개발기술자는 이러한
신소재를 연구하고 개발하
는 일을 해요. 신소재배터
리기술자는 기업이나 공장,
일반 가정에 공급하고 유지,
보수, 교체하는 업무를 하는
기술자예요.

Q 어떤 능력이 필요한가요?

A 논리수학지능, 분석력과 창의력, 의사소통 능력과 협동심이 필요
해요. 수학과, 물리화학과, 기계공학과, 신소재공학과, 전기전자
재료공학과 등 관련 학과에서 학습을 통해 기술에 대한 기본 지
식을 갖추면 좋아요. 또한 다양한 전공자들과 협업할 수 있는 능
력과 의사소통 능력도 꼭 필요한 기초 역량이에요.

무엇보다 창의력과 끈기가 필요해요. 하나의 신소재를 개발하기 위해서는 최소 10여 년의 시간이 필요하고, 이 시간이 지나도 제품화를 장담할 수 없기 때문이에요.

Q 어떤 경험이 필요한가요?

A 다양한 과학적 기초 소양을 기를 수 있는 과학체험관을 주기적으로 방문하여 체험할 것을 권해요. 그리고 창의적 체험 활동 프로그램에 참여할 것을 추천해요.

국립과천과학관, 국립어린이과학관, 국립중앙과학관, 서울시립과학관, 경기도과학관 등을 탐방해 보세요. 개발자로서 갖춰야 할 협업 능력을 기르고 대인관계지능과 의사소통 능력을 키우기 위해서는 탐구·탐험 동아리 활동, 리더십 캠프 등을 경험하면 좋아요.

Q 전망은 어떤가요?

A 기술의 한계를 극복할 미래 신소재 기술이 주목받고 있어요. 우리 생활을 이롭게 만들어 줄 신소재는 현재 개발 단계에 있는 것이 대다수지만 상용화를 위한 준비에 나선 제품도 상당수가 있어요. 특히 탄소나노튜브, 그래핀, 플러렌 등의 신소재는 초기 개발 과정을 끝내고 생산 비용을 낮추는 연구에 들어갔다고 해요. 이

> **플러렌**
> 정오각형 12개와 정육각형 20개로 이루어진 축구공 모양의 탄소구조체임. 단단하고 가벼워 야구배트와 골프채, 테니스라켓 등의 원료에 적합함. 인체에 해가 없어 의료·미용 용도로 활용이 가능함. 전자를 가둘 수 있는 특성이 있어 플라스틱 태양 전지에도 사용되고 있음.
>
> **에어로젤**
> 공기처럼 가벼운 고체여서 '얼어 붙은 연기frozen smoke'라고 함. 자기 무게의 2000배까지 감당할 수 있고, 지구상에서 가장 높은 단열성능이 있음. 1400도에서도 타지 않고 열기를 차단함.

같은 미래 신소재들이 생활 속에 밀접하게 사용될 날이 이르렀기에 전망이 매우 밝다고 할 수 있어요. 신소재 기술은 전자·정보산업, 에너지산업, 자동차산업, 우주항공산업 등 첨단산업의 핵심 소재로 사용되기 때문에 미래 산업을 선도할 수 있는 첨단산업기술로 전망되고 있어요.

TIP   국립과천과학관, 국립어린이과학관, 국립중앙과학관, 서울시립과학관
      경기도과학관

학부모 TIP

환경에너지 분야의 미래직업에는 환경감시관리전문가, 우주에너지시스템개발자, 폐기물에너지화연구원, 대체연료자동차개발자, 세계자원관리자, 에너지수확전문가, 미세조류전문가, 신소재개발기술자 등이 있습니다.
현재의 에너지 사용은 환경 공해를 일으키는 화석 연료 사용이 많았지만 미래에는 우주에서 에너지를 뽑아 쓰는 기술과 친환경적인 대체에너지 기술이 상용화되어 지구온난화가스 배출을 감소시킬 수 있을 것입니다. 이러한 친환경적인 환경에너지 분야가 지구의 환경을 보존할 수 있는 직업으로 더욱 많은 인재가 필요할 것으로 보입니다.

2. ☆의료·생명

유전자염기서열분석가 or DNA염기서열분석가

Q 어떤 일을 하나요?

A 3D프린터로 만들어진 인공장기에 문제가 없는지 유전공학을 통해 다각도로 점검하는 분석가예요. DNA염기서열분석이란 DNA 분자의 뉴클레오티드의 하나인 핵염기를 판독하여 순서대로 나열하는 과정을 말해요. DNA 유전정보는 4종의 염기(A, T, G, C)로 구성되어 있어요. 염기서열을 분석한다는 것은 4종의 염기성분이 특정 유전정보 내에 어떻게 배열돼 있는지 그 순서를 밝히는 일이에요. 유전자 검사로 특정 질환에 대한 위험도 및 약물에 대한 반응도 등을 분석하여 건강하고 행복한 삶에 도움을 받을 수 있어요.

Q 어떤 능력이 필요한가요?

A 논리수학지능, 분석력, 과학적 사고력과 집중력이 필요해요. 생물학과, 유전공학과, 생명공학과, 통계학과 등 관련 학과에서 학습을 통해 유전자분석 기술에 대한 기본지식을 갖추어야 해요. 특히 과학적 데이터 분석 능력 등을 키울 수 있도록 컴퓨터활용 능력, 유전자 분석기 등을 조작할 수 있는 기계 조작 능력도 갖추면 도움이 돼요.
생명과 관련된 분야이기 때문에 정직한 가치관이 필요하고, 실험 관련 도구를 세밀하고 조심스럽게 다룰 줄 아는 꼼꼼한 성격이 요구돼요.

Q 어떤 경험이 필요한가요?

A 과학적인 분야에 관심을 가지고 관련된 책을 읽고 독서토론을 하거나 실험보고서를 작성해 보세요. 무엇보다 호기심을 가질 수 있도록 과학자들의 실제적 경험이나 일화들을 소개한 책을 읽으면 좋아요. 이러한 활동들은 과학자가 되고 싶은 사람이 스스로 무언가를 찾고 고민하여 실천할 수 있도록 도와주거든요.

과학 잡지나 인터넷에서 과학 관련 기사를 읽는 것도 좋아요. 이해하기 쉽고 흥미로울 뿐 아니라 자신이 이 직업에 어느 정도 흥미가 있는지 알 수 있어요.

Q 전망은 어떤가요?

A 유전자분석 시장이 커지고 있는 가운데 일반 대중에게는 값싸게 DNA 분석을 할 수 있는 시대가 더 빨리 도래하고 있어요. 유전자분석은 미래 의료 기술을 이끌어갈 핵심 기술 중 하나예요. 이러한 기술을 이용하여 인간 유전자의 종류와 기능을 밝히고 이를 통해 개인 간, 인종 간, 환자와 정상인 간의 차이를 비교하여 질병의 원인을 규명하고, 알아낸 유전 정보는 질병 진단, 난치병 예방, 신약 개발, 개인별 맞춤형 치료 등에 이용될 수 있어요. 수요가 늘어날 수밖에 없겠죠.

유전상담사 or 유전자상담사

Q 어떤 일을 하나요?

A 유전자 검사 후 환자와 가족에게 유전 관련 정보를 설명하고, 환자가 적절하게 대응할 수 있도록 돕는 상담사예요. 개인의 유전자 검사 결과를 보고 각종 질병 발현 가능성 예측 및 예방, 타고난 재능이나 적성을 상담하고 관리하는 일을 하는 전문가예요. 유전자 검사 결과 질병 발생 확률이 높을 경우 심리적으로 불안할 수 있기 때문에 유전자상담사의 역할은 매우 중요해요. 더 나아가 유아부터 청소년의 학습과 진로에 대한 갈등, 정서불안, 질병 예방에 대한 상담도 해요. 질병 관련 검사로는 치매, 골다공증, 천식, 당뇨, 고혈압, 비만, 폐암 등이 있고, 탐구성, 체력 등 학습 관련 유전자 검사뿐 아니라 중독성, 우울증 관련 검사, 교육 진로지도, 종합능력 검사를 수행해요..

Q 어떤 능력이 필요한가요?

A 논리수학지능, 대인관계지능, 분석력과 통찰력이 필요해요. 의학과, 심리학과, 생물학과, 간호학과, 위생학과 등 관련 학과에서 학습을 통한 기초 지식 습득이 필요해요. 무엇보다 상담을 하기 위해서는 유전자상담사나 임상유전자상담사 자격증을 취득하면 좋아요. 또 상담할 때 필요한 통찰력, 예측력, 분석력을 키워야 하고, 원활한 의사소통 능력과 어려운 상황에서도 인내심을 유지할 수 있어야 해요.

Q 어떤 경험이 필요한가요?

A 또래 상담 동아리 활동을 통하여 사람을 배려하고 이해하는 마음을 키울 수 있는 상담 활동 경험이 도움이 돼요. 또한 과학체험관 등에서 실시하는 유전자 정보 등의 체험 학습, 유전자 관련 독서 활동, 유전자 관련 과학 잡지나 기사 등을 스크랩하면서 정보를 습득하는 것도 추천해요. 다양한 봉사활동을 통해서도 대인관계 능력을 키워야 상담하는 데 도움이 돼요.

Q 전망은 어떤가요?

A 한국유전자정보연구소에 따르면 유전공학은 앞으로도 더욱 발달할 것으로 예측하고 있어요. 이미 미국과 일본 등에서는 유전자상담사가 전문직으로 자리 잡고 있는 만큼, 국내에서도 점차 많은 인력이 필요할 것으로 전망돼요. 현재는 의료기관에서 유전자 검사가 진행되고 간호사가 유전상담을 맡고 있지만, 앞으로는 의료기관뿐 아니라 제약사, 공립 및 민간 연구기관, 건강검진기관, 유전자분석 검사기관 등 다양한 곳에서 유전자 검사가 이뤄지게 돼 유전자상담가의 역할은 더욱 중요해질 전망이에요.

최근 개인의 유전적 특성에 따라 질환을 진단하거나 예방하는 이른바 '맞춤 의료 시대'가 도래하면서 유전자 상담서비스 분야가 주목받고 있어요. 질병의 예측과 예방이 가능하고 맞춤형 의료서비스를 제공하는 의료 패러다임의 변화 속에서 유전자상담가의 역할은 더욱 중요해질 전망이에요.

나노의사

Q 어떤 일을 하나요?

A 나노의학으로 질병을 진단, 치료, 관리하는 의사이며 나노 사이즈의 의료기구로 질병의 치료법을 연구하는 전문의사예요. 스탠퍼드대학교 의과대학 연구진은 나노입자와 영상화 기법을 결합해서 뇌종양에 걸린 쥐의 종양을 초정밀도로 잘라내는 데 성공한 바 있어요. '나노nano'란 10억분의 1을 나타내는 단위예요. 1나노미터는 머리카락의 1만분의 1에 해당해요.

Q 어떤 능력이 필요한가요?

A 논리수학지능, 문제해결 능력, 기술분석력이 필요해요. 물리화학과, 생물학과, 나노공학과, 생명공학과, 로봇공학과 등 관련 학과에서 학습을 통해 나노기술에 대한 기본지식을 갖추어야 해요. 특히 생명과 관련된 분야이기 때문에 정직한 가치관이 필요하고, 실험 관련 도구를 세밀하고 조심스럽게 다룰 줄 아는 꼼꼼함, 생명을 연구하기 때문에 생명에 대한 소중함과 생명 존중과 생명 중시에 대한 윤리의식과 함께 탐구적인 능력이 요구돼요.
의사로서의 사명감을 가지고 업무에 임해야 하며, 성실함으로 환자를 보살피고 환자에게 세심한 관심을 가질 수 있어야 해요. 수술을 집도하고 각종 검사를 시행하는 경우에는 정교함이 있어야 하며 위험한 환자 치료 시 빠르게 치료방법을 선택할 수 있는 판단력, 그리고 치료 결과를 의학적으로 분석할 수 있는 분석력 또한 필요해요.

Q 어떤 경험이 필요한가요?

A 경기도권에 거주하고 있다면 학교를 통해 한국나노기술원에서 실시하는 나노 관련 캠프에 참여하면 큰 도움을 받을 수 있어요. 나노기술원에서는 나노기술의 발전에 대한 것과 나아가는 방향, 로봇 기술에 대한 정보, 가상현실 체험, 청정실 체험 등을 경험할 수 있어요.

나노드림동아리 활동, 나노동아리 방과후학교, 박람회나 과학축전 등에서의 체험 활동도 추천해요.

Q 전망은 어떤가요?

A 나노기술은 모공으로 화장품을 흡수시킨다든지 나노 크기의 탐침을 이용해 피부에 직접 꽂아 쓰는 의학용 센서 등 아주 미세한 크기로 재료를 다루거나 처치하는 분야에서 성과를 내고 있어요. 나노기술이 발달하면 자국도 남지 않게 수술할 수 있고, 나노 기계를 혈관에 주입해서 원격조종으로 수술하는 일도 가능해질 전망이에요. 미래에는 각 의과대학에서도 나노의학과가 신설될 것으로 예측되고, 나노의사는 의료계의 모든 분야에서 활약할 것으로 전망돼요.

TIP │ 한국나노기술원

개인관리컨설턴트 or 건강관리컨설턴트

Q 어떤 일을 하나요?

A 개인관리컨설턴트는 개인의 몸과 마음을 건강하게 관리하는 일을 해요. 개인의 건강관리와 자연치료, 다이어트, 정신적 건강관리 등에 관한 조사와 연구를 진행하고, 개인관리서비스를 필요로 하는 고객에게 관련 내용을 전문적으로 상담해 주는 일을 해요. 건강관리컨설턴트는 환자와 가족에게 건강상태 점검기기와 약에 대해 교육하고 환자와 병원 간 비상연락 체계를 구축해 주는 전문가예요.

Q 어떤 능력이 필요한가요?

A 대인관계지능, 신체운동지능, 자연친화지능, 분석력과 통찰력이 필요해요. 생물학과, 건강관리학과, 스포츠의학과, 심리학과, 체육학과, 보건관리학과 등 관련 학과에서 학습을 통해 건강과 운동에 대한 기본지식을 갖추어야 해요. 특히 건강과 운동, 복지 등의 분야를 전공하면 좋아요. 대학원에 진학하여 건강 계획, 건강 증진, 직업 건강 및 안전, 의료서비스 관리 등 보건과 의료에 관한 교육을 이수하여 전문성을 기르면 전문가로 활동할 수 있는 영역이 넓어져요. 건강관리와 치료에 관한 전문 지식을 가지고 있으면 좋아요.

고객을 직접 상대하고 많은 사람과 관계를 맺으며 일하기 때문에 대인관계 능력이 필요하고, 고객의 요구사항을 정확하게 파악하고 적절한 대처방안도 조언해줄 수 있어야 하므로 분석력과 통찰력이 필요해요.

Q 어떤 경험이 필요한가요?

A 요양원이나 복지센터에서 봉사활동을 하거나 스포츠 동아리 활동 등 다양한 경험을 통하여 자신이 무엇을 잘하고 좋아하는지 알 수 있으면 도움이 돼요. 운동센터나 검진센터에서 하는 봉사활동도 추천해요.

Q 전망은 어떤가요?

A 개인관리컨설턴트 일자리는 지속적으로 증가 추세에 있어요. 대부분의 개인관리컨설턴트는 파트타임으로 일하거나 의료시설 및 소속기관의 규모에 따라 정규직으로 일하기도 해요. 개인의 요구에 맞게 신체적·정신적 맞춤형 건강관리 프로그램을 계획해 조언해 주고, 잘 지킬 수 있도록 확인하는 일이 중요해질 전망이에요.

의료용로봇전문가

Q 어떤 일을 하나요?

A 정밀하고 안전한 수술을 위해 의료용 로봇을 기획하고 설계하여
개발하는 일을 해요. 의료용 로봇의 구조를 설계하고, 로봇의 구
동을 위한 알고리즘*과 프로그램의 구조를 설계해 작성하며 로봇
에 탑재하는 일을 수행하는 일을 하는 전문가예요. 또한 의료용
로봇의 기계, 전자, 소프트웨어의 성능 향상을 연구하고 개발하
는 일을 해요. 각각의 연구개발 분야
에 따라 의료용로봇프로그래머, 의

> **알고리즘**
> 문제를 해결하기 위해 명령들로 구성
> 된 일련의 순서화된 절차
> 출처: 컴퓨터 개론

료용로봇디자이너, 의료용로봇시스
템개발자, 의료용로봇개발자 등으로
구분될 수도 있어요.

Q 어떤 능력이 필요한가요?

A 논리수학지능, 시각공간지능, 창의 융합 능력, 문제해결력이 필
요해요. 로봇공학과, 기계공학과, 전기 및 전자공학과, 컴퓨터공
학과 등 프로그래밍 분야에 대한 지식이 필요해요.
사회인문예술 분야와 첨단과학기술 분야를 적절하게 융합하는
능력과 인간의 무한한 상상력과 창의력을 키우면 좋아요.

Q 어떤 경험이 필요한가요?

A 기본적으로는 과학관 체험 활동을 권해요. 그리고 로봇월드전시

회 같은 의료용 로봇 관련 박람회, 스마트테크코리아, 각 대학교
나 병원의 의학박물관 견학을 추천해요.
경남 창원에 있는 경남로봇랜드 테마파크를 찾아 로봇 체험 시설
을 이용해 보는 것도 좋아요.

Q 전망은 어떤가요?

A 서울산업진흥원의 '미래를 여는 새로운 직업'에 따르면 로봇을 이
   용한 수술은 보다 안전하고 정밀하여 몸에 상처를 내지 않고도
   진행할 수 있기 때문에 의료용로봇전문가는 수요가 계속 증가할
   것으로 전망해요. 국내외 많은 연구에서 로봇전문가는 향후 유망
   직업군으로 제시하고 있어요. 최근 과학기술 분야의 신직업군 발
   굴에 관한 한 연구에 따르면 의료용로봇전문가는 미래 유망성이
   나 발전가능성, 미래 인력수요, 사회적 인식 등에서 미래 유망 신
   직업들의 평균보다도 매우 높은 점수를 받았다고 해요.

TIP 의료용 로봇 관련 박람회, 스마트테크코리아, 의학박물관
     경남로봇랜드 테마파크

노화방지매니저

Q 어떤 일을 하나요?

A 의료 시스템과 연계하여 건강을 도와주는 적합한 뇌 운동 프로그램, 자신의 몸에 맞는 운동 프로그램과 영양 균형 프로그램을 개인별 맞춤화하여 관리하는 직업이에요.

Q 어떤 능력이 필요한가요?

A 대인관계지능, 신체운동지능, 논리수학지능, 추리력과 창의력, 분석력이 필요해요. 노화방지매니저가 되기 위해서는 생리학과, 건강관리학과, 의학과, 약용학과 등 기본적인 학문적 지식을 갖추면 좋아요.

또한 건강 상태를 확인하고 돌볼 수 있는 간호학과 영양학 그리고 물리치료에 대한 지식도 갖추면 도움이 될 거예요. 기초적으로 수학, 생물, 물리, 화학 등의 지식을 가지고 있어야 해요.

Q 어떤 경험이 필요한가요?

A 기본적으로는 과학관 체험 활동을 권해요. 그리고 서울과 대구에 있는 한의약박물관, 서울대병원 의학박물관 견학을 추천해요.

매년 진행되는 서울국제화장품·미용산업박람회, 대한민국 피부건강엑스포, 월드식품박람회 등 참관을 통해 체험해 보고 다양한 정보와 경험도 해보세요. 뇌체조 동아리 활동을 비롯해 뇌스트레칭, 피부관리 등 다양한 활동을 경험하면 도움이 돼요. 뇌운동센터나 검진센터 체험 활동도 좋아요.

Q 전망은 어떤가요?

A 의료보험이 되는 전문적인 의료서비스도 제공될 수 있기 때문에 노화방지매니저는 미래직업으로 각광 받을 수 있는 전망이에요. 영국 정부가 뽑은 미래 유망 직업에도 포함되어 있을 것으로 예측돼요. 영국 정부에서 2030년까지 등장할 미래직업에 대한 연구 결과를 발표했는데 그 안에 미래 유망 직업으로 노화방지매니저가 포함되어 있을 정도로 전망이 밝아보여요.

TIP 한의약박물관, 서울대병원 의학박물관, 서울국제화장품 · 미용산업박람회
대한민국 피부건강엑스포, 월드식품박람회

인공장기조직개발자

Q 어떤 일을 하나요?

A 환자의 세포나 단백질을 배양해 면역거부반응이 없는 맞춤형 생체조직과 인공장기를 제작하는 개발자예요. 인공장기란 기능이 불완전한 장기를 대신하기 위해 인체에 적응시킨 인공적 장기라고 정의하고 있어요. 생체 재료는 손상되었거나 기능을 상실한 인체조직 및 기관을 대체하여 사용되는 인공장기와 인공조직의 기본 재료를 말해요. 인공장기에는 심장, 신장, 혈관 등이 있고, 인공조직에는 관절, 뼈, 피부 등이 있어요. 3D프린팅 기술이 발전하면서 사람의 인공장기를 만들어 내는 바이오 프린팅 기술도 연구하는 일을 해요.

Q 어떤 능력이 필요한가요?

A 논리수학지능, 시각공간지능, 추리력과 창의력, 분석력이 필요해요. 생물학과, 생명공학과, 의학과 등의 기본적 학문 지식을 갖추면 좋아요.
바이오 프린팅과 관련되기 때문에 기본적인 지식에 전자공학, 컴퓨터공학을 공부하면 도움이 돼요. 그리고 인체와 관련된 최첨단 분야이기 때문에 대학원에 진학하여 신소재와 기계공학 분야의 공부를 더 하는 것도 전문성을 높일 수 있어요.

Q 어떤 경험이 필요한가요?

A 기본적으로는 국립과천과학관, 서울과학관에서의 체험 활동과 서울대병원 의학박물관 견학, 매년 개최되는 바이오코리아, 나노코리아 등 전시회 참관을 추천해요.

인체와 관련된《인체의 신비》같은 책을 읽으면서 독서 일기를 쓰는 것도 도움이 돼요.

Q 전망은 어떤가요?

A 선진국들은 미래에 예상되는 인공장기와 의료부품의 수요와 부가가치를 고려해 유망산업으로 대대적인 연구 개발 투자를 하고 있어요. 인공장기의 개발은 보건의료산업에 있어서 많은 질병을 해결해 줄 수 있는 기술 분야로 평가되며 매우 고부가가치 산업으로 발전하여 21세기를 주도할 신기술의 하나가 될 것으로 전망하고 있어요. 현재 정부의 집중적인 투자로 국내 생체재료 분야도 최근 급속한 성장을 거듭하고 있어요.

TIP 국립과천과학관, 서울과학관, 서울대병원 의학박물관

기억수술외과전문의

Q 어떤 일을 하나요?

A 인간의 뇌에서 나쁜 기억이나 문제가 되는 행동이나 생각을 하게 하는 뇌의 특정 부위만 제거해 주는 의사예요. 우울증 환자나 정신분열 환자의 뇌에서 특정 부분만 수술하여 치료하는 일을 하고 뇌에 있는 암 치료 및 암 억제 연구, 치매 치료 등의 일을 해요.

Q 어떤 능력이 필요한가요?

A 논리수학지능, 대인관계지능, 집중력과 분석력이 필요해요. 의학을 공부하고 의사 면허 시험에 합격하고 나서 수련의 과정을 거쳐 신경외과 전문의 자격을 취득해야 해요.
수술이나 치료를 정확하게 하기 위해서는 빠른 판단력과 집중력, 분석력, 위급한 상황 대처 능력이 필요해요. 일의 특성상 생명을 다루기 때문에 강한 책임감이 필요해요.

Q 어떤 경험이 필요한가요?

A 기본적으로는 과학관 체험 활동과 서울대병원 의학박물관 견학, 매년 개최되는 바이오코리아, 나노코리아 등의 전시회 참관을 추천해요.
과학이나 의학 관련 소설이나 관련 도서, 생물학에 관심이 많으면 좋아요. 이것은 준비라기보다는 적성에 맞아야 해요. 대인관계 능력을 키우기 위한 리더십 캠프 참여도 적극 권장해요.

Q 전망은 어떤가요?

A 뇌의학의 발달로 정신적 장애나 질환을 수술로 치료할 수 있게 되면서 미래의 유망 직종으로 손꼽히고 있어요. 《유엔미래보고 서》에도 미래 유망 직업 54개 중 기억수술외과전문의가 등장했 어요. 기억하고 싶지 않은 것들을 지워버리고 원하는 기억들만 정할 수 있다면 기억수술외과전문의의 인기는 높을 것 같아요. 물론 좋은 기억만 가지고 산다고 사람들이 더 행복해질지는 알 수 없지만요.

TIP 서울대병원 의학박물관, 바이오코리아 · 나노코리아 전시회

생체로봇외과전문의

Q 어떤 일을 하나요?

A 생체로봇을 이용해 막힌 혈관을 치료하거나 손상된 장기나 신체
의 일부를 생체로봇으로 대체하는 장애 치료 의사예요. 생체로봇
이 개발된다면 아주 가느다란 혈관을 이동하면서 혈관질환이나
심장질환이 있는 사람들은 수술을 하지 않고도 치료를 받을 수
있어요.

Q 어떤 능력이 필요한가요?

A 논리수학지능, 대인관계지능, 집중력과 분석력이 요구돼요. 기
억수술외과전문의와 마찬가지로 의학을 공부하고 의사 면허 시
험에 합격하고 나서 수련의 과정을 거쳐 신경외과 전문의 자격을
취득해야 해요.
수술이나 치료를 해야 하는 의사이기 때문에 정확도를 위해서 빠
른 판단력, 집중력, 위급한 상황 대처 능력이 필요해요. 일의 특
성상 생명을 다루기 때문에 강한 책임감이 필요해요.

Q 어떤 경험이 필요한가요?

A 기본적으로는 과학관 체험 활동과 서울대병원 의학박물관 견학,
매년 개최되는 IoT(사물인터넷)와 로봇박람회, 바이오코리아, 나노
코리아 등 많은 전시회 참관을 추천해요.
과학이나 의학 관련 소설이나 관련 도서, 생물학과 로봇공학에

관심이 많으면 더욱 적성에 맞겠죠. 대인관계 능력을 키우기 위한 리더십 캠프에도 참여하면 의사로서 환자를 대할 때 많은 도움이 돼요.

Q 전망은 어떤가요?

A 생체로봇은 의학, 생명공학 등 다양한 곳에서 사람들의 건강을 위해 필요한 미래형 로봇이에요. 사람들의 손에 맡겨졌던 대부분의 수술이 로봇을 활용함으로써 정확성, 수술 부위의 최소화, 수술 고통을 줄이고 수술 자국의 최소화 등 많은 좋은 점이 의료 분야뿐 아니라 생명과학 분야에도 사용될 것으로 예상되기 때문에 미래직업으로서의 전망이 매우 좋아요.

TIP   과학관 체험 활동, 서울대병원 의학박물관, IoT(사물인터넷)와 로봇박람회
       바이오코리아 · 나노코리아 전시회

두뇌시뮬레이션전문가

Q 어떤 일을 하나요?

A 사람의 뇌는 신체 중에서도 가장 신비한 부분, 가장 복잡하고 알려지지 않은 부분인데 이 뇌의 생리 과정과 기능의 비밀을 풀기 위해 시뮬레이션을 만드는 일을 해요. 뇌의 구조와 기능을 정확하게 아는 것이 무엇보다 중요해요.

Q 어떤 능력이 필요한가요?

A 논리수학지능, 공간지능, 집중력과 분석력이 필요해요. 의학과, 생명공학과, 뇌공학과, 컴퓨터공학과, 소프트웨어공학과 등을 전공해야 해요.

《유엔미래보고서》에 따르면 두뇌시뮬레이션전문가는 자연법칙과 과학적 연구 방법을 이해하고 적용할 수 있는 논리수학적 분석력과 종합적 판단력을 갖추어야 한다고 해요. 또 생명과 관련된 것이기 때문에 생명을 존중하는 윤리의식과 생명에 대한 흥미가 있어야 하죠. 장기적인 시뮬레이션을 해야 하고 이를 분석해야 하기 때문에 인내심과 세밀함이 필요하고 문제에 대한 인식과 해결력이 필요해요.

Q 어떤 경험이 필요한가요?

A 기본적으로는 과학관 체험 활동과 서울대병원 의학박물관 견학, 매년 개최되는 IoT(사물인터넷)와 로봇박람회, 바이오코리아, 나노

코리아 등의 전시회 참관 등을 추천해요.

과학이나 의학 관련 소설이나 관련 도서, 생물학과 생명공학, 뇌공학 등에 관심이 많으면 더욱 적성에 맞겠죠. 논리수학 능력을 키우기 위해서는 수학과 과학 경진대회에 참가하는 것도 도움이 돼요.

Q 전망은 어떤가요?

A 가장 복잡하고 신비한 인간의 두뇌시뮬레이션전문가에 대한 전망은 매우 밝다고 할 수 있어요. 과학기술의 발전으로 본격적인 뇌 연구가 가능해질 것으로 보여요. 뇌 연구에는 바이오기술BT, 정보기술IT, 나노기술NT 등 다양한 분야의 전문가들이 필요하기 때문에 해당 분야에 특화된 전문 지식을 요구하는 일자리가 많이 생겨날 것으로 전망돼요.

TIP 의학박물관, IoT와 로봇박람회, 바이오코리아 · 나노코리아전시회

의료·생명 분야의 미래직업에는 유전자염기서열분석가, 유전
자상담사, 나노의사, 개인관리컨설턴트, 의료용로봇전문가,
노화방지매니저, 인공장기조직개발자, 기억수술외과전문의,
생체로봇외과전문의, 두뇌시뮬레이션전문가 등이 있습니다.
현재의 의료·생명 분야는 개인이 병원 진료를 위해 찾아가는
형태지만 미래에는 원격으로 개인화된 맞춤형 건강관리 프로
그램과 의료용로봇기술개발전문가, 생체재료 개발 등으로 새
로운 의료서비스 시장이 만들어질 것입니다. 그래서 최근 과학
기술 분야 신직업군 발굴에 관한 한 연구에 따르면 생명·의료
직업 분야는 미래 유망성이나 발전가능성, 미래 인력수요 등에
서 매우 높은 점수를 받았다고 합니다.

3. 생활·개인서비스·문화

3D푸드프린터식품개발자

Q   어떤 일을 하나요?

A   3D프린터를 이용해 초콜릿, 피자, 파스타, 초밥 등 여러 식품을
     만들 수 있는 기술개발자를 말해요. 세상의 하나뿐인 나만의 초
     콜릿을 만들 수 있는 3D프린터가 있다면 어떨까요. 3D 식품 프
     린팅 기술은 새로운 형태와 질감 그리고 개인에게 맞춰진 식품을
     디자인한 식품으로 개발할 수도 있어요. 스페인의 '내추럴 푸드'
     사가 피자나 햄버거 등의 음식을 만들 수 있는 3D프린터 '푸디니'
     를 공개하기도 했어요.

Q   어떤 능력이 필요한가요?

A   자연친화지능, 시각공간지능, 창의력과 분석력이 필요해요. 식품
     공학과, 식품가공학과, 식품영양학과, 생명과학과 등 관련 학과
     에서 학습을 통한 기초 지식 습득이 필요해요.
     식품에 대한 개념 이해와 응용할 수 있는 학습 능력, 분석력, 통
     계적 방법을 이해하고 실제 적용할 수 있으면 더욱 좋아요. 꾸준
     한 관찰과 끈기가 필요하기 때문에 꼼꼼한 성격을 가진 사람이
     잘해 낼 수 있어요.

Q   어떤 경험이 필요한가요?

A   3D프린트 관련 박람회, 국제식품박람회, 푸드 관련 전시회, 요리
     경연대회 등에 참여하여 식품에 관련된 기술과 경험을 쌓으면 좋

아요. 다양한 레시피 개발, 레시피를 활용한 식품 만들기 체험, 전통식품 만들기 체험을 많이 할수록 도움이 돼요.

Q 전망은 어떤가요?

A 우리가 매일 먹는 음식을 만들고 유통하는 식품 산업은 세계 자동차 시장 규모의 4배, IT 시장 규모의 7배에 달한다고 해요. 이미 3D프린터를 이용해 음식을 만드는 기술이 가능한 요리도 있지만 아직까지는 기술 개발 초기 단계예요. 식품 3D프린터는 호텔, 레스토랑, 제과점, 체험학습, 학교 등 여러 분야에서 적용 가능해요.

TIP │ 3D프린트 관련 박람회, 국제식품박람회, 푸드 관련 전시회, 요리경연대회

3D푸드프린터요리사

Q   어떤 일을 하나요?

A   3D프린터를 이용해 피자, 파스타, 초밥 등 여러 음식을 만드는 요리사를 말해요. 음식의 모양이나 색상은 물론 맛, 영양 등의 정보를 저장하는 푸드베이스 플랫폼을 기반으로 해요. 인공지능의 도움을 받아 내게 필요한 영양소에 맞는 요리를 하여 먹을 수도 있어요. 내가 만든 요리를 이 플랫폼에 올리면 미국뿐 아니라 유럽, 아시아 할 것 없이 어디서든 음식 데이터를 이용해 요리를 만들 수 있어요.

Q   어떤 능력이 필요한가요?

A   자연친화지능, 시각공간지능, 창의력과 분석력이 필요해요. 식품공학과, 식품가공학과, 식품영양학과, 생명과학과 등 관련 학과에서 학습을 통한 기초 지식 습득이 필요해요.

다양한 레시피 개발, 레시피를 활용한 요리 만들기를 하려면 창의력이 필요해요. 예를 들어 먹기 싫어하는 음식을 자동차나 비행기 등 예쁜 모양으로 만들어 주면 잘 먹지 않을까요.

Q   어떤 경험이 필요한가요?

A   3D프린트 관련 박람회, 국제음식박람회, 푸드 관련 전시회, 요리경연대회 등에 참여하여 요리에 관련된 기술과 경험 등을 쌓으면 좋아요.

다양한 레시피 개발, 레시피를 활용한 요리 만들기 체험 등을 많이 하면 도움이 돼요. 3D푸드프린팅요리사가 되려면 기술 개발을 위해 레시피 등을 공유할 수 있는 다양한 사람들과 소통하는 경험도 필요해요.

Q 전망은 어떤가요?

A 3D프린터식품개발자처럼 고객의 건강 상태에 맞는 요리를 만들어 제공하는 요리사의 전망은 밝다고 볼 수 있어요. 다양한 요리를 개발하여 세계 어디에서나 공유할 수 있는 세상이 되었기 때문이에요. 예를 들면 치아가 약한 어르신이 매일 죽으로 된 음식을 먹었다면 닭다리를 잘게 부수어 3D프린터를 이용하여 아주 부드러운 닭다리 모양으로 찍어낸 요리를 만들 수 있겠지요. 3D 푸드 프린팅 기술이 상용화 단계에 들어서고 있기에 이를 이용하는 3D푸드프린팅셰프가 현실로 다가오고 있어요. 우리나라도 3D프린터 인증, 식품 제조용 푸드 3D프린터 기준이 마련되고 식품위생법 개정 등이 이루어지면 본격적인 기술 사용 및 육성 등이 이루어질 것으로 전망돼요.

TIP | 3D프린트 관련 박람회, 국제음식박람회, 푸드 관련 전시회, 요리경연대회

곤충식품개발자

Q 어떤 일을 하나요?

A 식용곤충은 고단백·저지방 자원으로 영양적 가치가 매우 우수해요. 식용곤충 요리법을 개발하고, 안전성 검증을 통해 좋은 품질의 식용곤충을 찾아내는 전문가를 말해요. 식용곤충을 일반인들이 거부감 없이 섭취하도록 요리법을 연구하고 개발하는 직업이에요. 곤충이 가지고 있는 좋은 영양소를 건강 증진 및 치료 목적의 기능성 가공식품을 개발하는 일도 해요.

Q 어떤 능력이 필요한가요?

A 자연친화지능, 시각공간지능, 창의력과 분석력이 필요해요. 식품공학과, 식품가공학과, 식품영양학과, 생명과학과 등 관련 학과에서 학습을 통한 기초 지식 습득이 필요해요.
식용곤충의 종류, 영양소 분석, 곤충 산업의 이해 등의 학습이 필요해요. 새로운 것에 대한 도전 의식과 창의력도 필요해요.

Q 어떤 경험이 필요한가요?

A 국제식품박람회, 푸드 관련 전시회, 요리경연대회 등에 참여하여 식품에 관련된 기술과 경험 등을 쌓으면 좋아요. 식용곤충 사육현장 체험, 식용곤충으로 음식을 직접 만들어보는 체험 학습을 하면 도움이 돼요.

Q 전망은 어떤가요?

A 유엔식량농업기구FAO는 2050년에 세계 인구가 90억 명을 넘을 것으로 전망하며, 미래 식량난을 해결할 대체 식품으로 식용곤충을 선정한 바 있어요. 이미 세계의 20억 명이 1,900여 종의 식용곤충을 섭취한다고 보고하며 곤충을 작은 가축이라고 말하기도 해요. 세계 여러 나라의 식품 기업들이 식용곤충을 이용한 가공식품 개발에 활발하게 움직이고 있어요. 이에 따라 아직은 낯선 식재료를 거부감 없이 먹도록 만드는 곤충식품개발자가 미래 유망 직종으로 떠오르고 있어요. 최근에는 영양가 높은 식용곤충을 치료식으로 개발해 제공하는 병원이 있는가 하면 식용곤충 레스토랑과 카페가 생겨 화제가 되기도 했어요.

TIP 국제식품박람회, 푸드 관련 전시회, 요리경연대회

3D패션디자이너

Q 어떤 일을 하나요?

A 패션디자이너는 의류제작에 있어 각 스타일의 핏, 패턴, 봉제, 디테일 작업 방식 그리고 품질을 결정하고 지시하는 업무를 해요. 패션전문가들은 3D프린팅에 대한 기대를 많이 하고 있어요. 3D 프린터를 활용하여 3D프린팅 패션테크 디자인을 하는 전문가를 3D패션디자이너라고 해요. 일반 기계는 동일한 물건을 여러 번 찍어내지만 3차원 프린터는 설계도만 바꾸면 매번 다른 디자인을 구현할 수 있어요.

Q 어떤 능력이 필요한가요?

A 시각공간지능, 자연친화지능, 창의력과 공감, 자유로운 표현력과 소통 능력이 필요해요. 패션디자인학과, 의상디자인학과, 의류(의상)학과, 의류직물학과 등 디자인 관련 학과에서 학습을 통한 기초 지식 습득이 필요해요.

의상, 패션 트랜드, 패션소재, 색채, 일러스트레이션 등의 학습이 필요해요. 새로운 것에 대한 도전 의식과 창의력도 필요해요. 성별, 연령별, 기능별로 시장조사를 통해 패션 흐름을 분석하고 트랜드 경향, 소재, 컬러 조화 등을 고려해서 새로운 의상을 기획하고 제작하는 전문성이 요구돼요.

Q 어떤 경험이 필요한가요?

A 대한민국 유일의 종합섬유박물관인 대구섬유박물관에서 간접 체험을 하면 좋아요. 서울에서는 패션의 시작인 동대문평화시장, 남대문시장을 방문하여 패션 감각을 익히는 것도 도움이 돼요. 잠재적인 능력을 키울 수 있는 의상 디자인을 통해 직접 만들어 보는 체험 학습을 하면 좋겠지요.

Q 전망은 어떤가요?

A 2017년부터 3D프린팅을 이용하는 패션디자이너들이 주목받고 있어요. 우리는 쇼핑 대신 옷을 다운로드하는 시대가 곧 올 것으로 바라보고 있어요. 점점 기술이 발전하여 면이나 실크처럼 우리가 현재 사용하는 천과 비슷한 수준의 옷을 3D프린팅이 만들어 낼 것으로 보고 있어요. 자신의 상상을 현실로 만들어줄 3D 프린트에 큰 기대를 걸고 있어요.

TIP 대구섬유박물관, 동대문평화시장, 남대문시장

나노섬유의류전문가

Q 어떤 일을 하나요?

A 나노섬유의류전문가는 나노섬유를 활용하여 옷과 신발 등을 디자인하며, 특수한 기능을 가진 옷을 만드는 일을 해요. 나노기술은 사람 머리카락 굵기의 수만 분의 1 크기에서 물질을 만드는 기술을 말해요. 너무 가늘고 작아서 우리 눈으로는 볼 수 없을 정도이고 이 기술을 섬유에 적용하여 만든 것이 나노섬유예요. 나노섬유는 옷감의 재료인 일반 섬유 소재와는 전혀 다른 기능을 가지고 초극세사로 만들어지기 때문에 먼지 같은 미세입자나 세균 감염도 막아줘요.

Q 어떤 능력이 필요한가요?

A 시각공간지능, 논리수학지능, 창의력, 자유롭게 표현하는 독창성, 예술성, 분석력이 필요해요. 패션섬유학과, 섬유(패션)공학과, 섬유시스템공학과, 신소재공학과, 재료공학과 등 섬유 관련 학과에서 학습을 통한 기초 지식 습득이 필요해요.

의상, 패션 트랜드, 패션 소재, 색채, 일러스트레이션 등의 학습이 필요해요. 새로운 것에 대한 도전 의식과 창의력도 필요해요. 성별, 연령별, 기능별로 시장조사를 통해 패션 흐름을 분석하고 트랜드 경향, 소재, 컬러 조화 등을 고려해서 새로운 의상을 기획하고 제작하는 전문성이 요구돼요.

Q 어떤 경험이 필요한가요?

A 국립과천과학관과 국립중앙박물관 견학을 통한 체험 학습을 하면 좋아요. 대구섬유박물관과 패션의 시작인 동대문평화시장 등을 방문하여 패션 감각을 익히는 것도 도움이 돼요.
매년 실시하는 나노코리아전시회, 대구국제섬유박람회, 부산국제신발섬유패션전시회 등에 참관하는 것도 추천해요.

Q 전망은 어떤가요?

A 나노과학의 창시자인 에릭 드렉슬러는 "앞으로 나노기술은 인류의 모든 것을 바꿔놓을 것이며 인류 삶의 혁명을 가져올 것"이라고 말했어요. 의류의 혁신을 가져온 다기능 나노섬유는 머리카락 한 가닥의 1/500 정도 되는 매우 가는 섬유로, 나노섬유 4g을 푼 길이는 지구에서 달까지의 거리 정도 된다고 해요. 나노섬유는 고성능 필터와 똑같아서 옷으로 만들어 입으면 미세먼지나 비를 막아 주고, 땀을 흘려도 옷 바깥으로 배출되고, 기능성 운동화, 방탄복 등에도 활용돼요. 나노섬유기술은 인체의 생체기능을 전자 센서로 인지하여 질병을 예방하고 더 나아가 생명 연장에도 도움을 줄 정도로 발전할 것으로 보여요.

TIP 국립과천과학관, 국립중앙박물관, 대구섬유박물관, 동대문평화시장
나노코리아전시회, 대구국제섬유박람회, 부산국제신발섬유패션전시회

웹영상소설창작가

Q   어떤 일을 하나요?

A   영화, 드라마, 웹콘텐츠 등 영상화 가능한 웹소설을 개발하는 창작 전문가예요. 영화나 드라마에서 사용할 소설을 쓰고 구성하는 사람으로, 전체 스토리 전개를 짜고 인물과 스토리에 맞게 글을 쓰는 일을 해요. 영상화 가능한 웹소설 콘텐츠에 대한 드라마, 영화 제작자 들을 대상으로 강의도 진행해요. 온라인 사이트 등에 웹소설을 연재하는 작가로서의 활동도 해요.

Q   어떤 능력이 필요한가요?

A   언어지능, 창의력, 자유롭게 표현하는 독창성, 예술성이 필요해요. 국어국문학과, 문예창작과 등 관련 학과에서 학습을 통한 기초 지식 습득이 필요해요.
물론 반드시 전문학과를 가지 않아도 초등학교 때부터 독서 읽기 능력, 글쓰기 능력 등을 키워간다면 도움이 돼요. 그래야 독자가 무엇을 원하는지, 무엇 때문에 웹소설을 읽는지, 내 글은 어떤 독자들에게 필요한지 등을 알아가는 연습이 되겠지요. 웹에 올리는 특성상 문서 편집 프로그램을 사용할 수 있어야 해요.

Q   어떤 경험이 필요한가요?

A   파주에 있는 세계문학박물관, 파주출판단지, 서울 종로에 있는 윤동주문학관, 양평군에 위치한 잔아문학박물관 등을 탐방하는

것을 추천해요.

독서토론 소그룹 모임을 통해서 다양한 독서 탐구 프로그램 등에 참여히는 것도 도움이 돼요. 초등학교 때부터 블로그에 글을 써서 올리기 등 웹 작가 능력 길러보기, 공모전에 참여해 보기를 추천해요.

Q 전망은 어떤가요?

A 웹소설이 모바일을 넘어 드라마의 원작으로 성공하여 드라마와 함께 관심이 급증하는 사례가 늘고 있어요. 웹소설 분야의 출판사가 많아지면서 신인 작가도 급증하고 웹시장의 규모도 커지고 있어요. 많은 대학교에는 웹소설 창작 관련 전공이 신설되고 문화 단체나 출판사에서는 신인 작가 발굴을 위한 대규모 공모전을 개최하는 일이 많아지고 있어요. 사람들이 스마트폰을 사용하면서 활자를 소비하는 습관이 완전히 달라졌기 때문에 웹소설창작 전문가 시장이 앞으로도 계속 성장할 것이라 전망하고 있어요.

TIP | 파주세계문학박물관, 파주출판단지, 윤동주문학관, 양평잔아문학박물관

개인미디어콘텐츠제작자

Q 어떤 일을 하나요?

A 개인의 적성과 취향에 따라 표현하고 싶은 것들을 영상 콘텐츠로 만드는 일을 해요. 일명 크리에이터, 유튜버, BJ(인터넷 방송 진행자), 팟캐스트 제작자 등으로 불리기도 하며, 1인미디어콘텐츠제작자로 활동해요. 미디어 플랫폼 서비스인 유튜브, 아프리카TV, 팟캐스트, 인스타그램, 페이스북 등에 영상과 오디오로 된 미디어 콘텐츠를 만들어 올리는 일도 해요. 미디어 콘텐츠를 만들기 위해 자료 조사와 기획·연출, 영상 촬영, 영상 편집 등 여러 가지 일을 직접 하기도 하고 서로 협력하기도 해요.

Q 어떤 능력이 필요한가요?

A 시각공간지능, 창의력, 자신이 제작하고 싶은 콘텐츠를 주제에 맞게 구성할 수 있는 연출, 영상 촬영 및 편집할 수 있는 예술 시각 능력이 필요해요. 영상학과, 미디어학과, 인터넷 방송학과, 문화콘텐츠학과, 문예창작과 등 관련 학과에서 학습을 통한 기초 지식 습득이 필요해요.

방송 윤리와 저작권에 대한 기본적인 지식도 필요해요. 관련 자격증으로는 멀티미디어콘텐츠제작전문가 국가 자격이 있어요.

Q 어떤 경험이 필요한가요?

A KBS방송박물관, 신문방송박물관, 경기미디어체험관, 유튜버체

험관 등에서 다양한 경험을 해보세요. 또한 콘텐츠 제작에 필요한 영상 채널을 보거나 문화예술 분야에 대해 관심을 가져야 하며, 문화와 사회 전반에도 관심이 있어야 해요.

학교 방송부 활동도 좋은 경험이 될 거예요. 그리고 정부 기관에서 실시하는 다양한 청소년 방송 미디어 직업 체험전에도 참여하길 권장해요.

Q 전망은 어떤가요?

A 국내외의 미디어 콘텐츠 제작자와 플랫폼 사용자는 꾸준히 늘고 있어요. 최근에는 영상 플랫폼을 통해 검색하고 관련된 콘텐츠를 이용하는 구독자들이 증가하고 있어요. 개인이 제작한 미디어 콘텐츠는 일반 방송에서 다루지 않는 주제를 다루거나, 표현 방식이 다르다는 점에서 인기를 얻고 있어요. 스마트폰 하나로 나만의 콘텐츠를 제작하고 전 세계와 공유하는 시대로 계속 확장되고 있어요. 현재에도 여러 가지 콘텐츠, 예를 들어 '먹방(먹는 방송)', '겜방(게임하는 방송)', '톡방(토크하는 방송)' 등 다양한 채널이 계속 생겨나고 있어요. 국가에서는 특성화고등학교나 특성화대학 등 전문 교육기관을 중심으로 융합형 콘텐츠 제작인력 양성을 계속 확대해 나갈 것으로 예상돼요.

TIP | KBS방송박물관, 신문방송박물관, 경기미디어체험관, 유튜버체험관

감성인식기술전문가

Q 어떤 일을 하나요?

A 인지된 사람의 감성 상황에 맞는 감성 맞춤형 제품 및 서비스를 연구하고 제공하는 일을 하는 전문가를 말해요. 사람의 다양한 감성을 컴퓨터가 인지할 수 있는 유무선 센서 기술과 감성 신호의 피드백에 따라 각각의 상황에 맞는 적절한 처리 능력을 부여하는 감성ICT(정보통신기술)를 연구, 개발, 응용하는 일을 수행해요. 정보통신기술ICT은 정보를 주고받는 것은 물론 개발, 저장, 처리, 관리하는 데 필요한 모든 기술을 말해요.

Q 어떤 능력이 필요한가요?

A 논리수학지능, 개인내적지능, 분석력, 창의적 발상 능력이 필요해요. 컴퓨터공학과, 생체공학과, 의공학과, 전자공학과 등 관련 학과에서 학습을 통한 기초 지식 습득이 필요해요.

IT 관련 지식과 사람에 대한 인체, 뇌, 심리에 대한 관심이 있으면 좋아요. 감성인식기술전문가는 사람과 사람 간, 사람과 제품 간 효율적인 상호작용을 인지하여 분석하는 것이 핵심이기 때문에 관련 분야의 전문 지식이 필요해서 대학원 석사 이상의 전문 교육을 받으면 도움이 돼요.

Q 어떤 경험이 필요한가요?

A 국립과천과학관, 국립중앙과학관, 교육박람회 등에서의 다양한 경험을 추천해요. 인문학, 철학, 심리학, 예술학 등에 대해 흥미를 가지고 관련 책 읽기도 추천해요.
사람의 감성을 이해하기 위한 감성개발 프로그램, 대인관계 향상 프로그램 등에 참여하면 도움이 돼요.

Q 전망은 어떤가요?

A 감성적인 제품으로 소비를 자극하는 시대가 되었어요. 감성분야 기술개발로 인해 감성인식, 감성교감, 감성지능 플랫폼, 감성융합 서비스 등의 기술로 세분화되어 분야별 전문가로 다양하게 활동할 수 있어요. 감성인식 기술은 사람의 스트레스를 자동으로 감지하여 스트레스 질환을 예방하고 감성을 자동 인지하여 사용자의 감성과 상황에 맞게 감성 정보를 처리해 주는 혁신 기술이에요. 사람의 감성을 인지하여 감성 맞춤형 제품 및 서비스를 제공하는 감성인식기술전문가의 활동도 눈에 띄게 활발해지고 있어요. 정부기관에서도 감성분야 기술 개발을 위해 지속적인 연구개발 투자가 이루어지고 있어 앞으로의 전망은 밝다고 보여요. 감성적이고 창의적인 일에 도전해 보세요.

TIP 국립과천과학관, 국립중앙과학관, 교육박람회

개인브랜드매니저

Q   어떤 일을 하나요?

A   개인이 보유하고 있는 개인의 잠재적 능력을 찾아 주어 개인의
    브랜드 가치와 성격을 발굴하여 행동으로 나타낼 수 있도록 도와
    주는 일을 해요. 퍼스널브랜드매니저라고도 해요. 바로 나 자신
    이 곧 특정 분야를 대표할 수 있는 상품이 되는 것이죠. 미래 사
    회에는 다양한 직업을 갖게 되고 경험하게 될 텐데 이러한 사회
    에서는 자신만의 브랜드 가치를 명확히 알 필요가 있어요. 개인
    이 자신을 객관적으로 알기에는 어려움이 있기 때문에 직업 적
    성, 심리 검사 등을 실시하여 적성과 기술에 알맞은 강점과 직업
    정보를 찾아 개발할 수 있도록 도와주는 일을 해요.

Q   어떤 능력이 필요한가요?

A   개인내적지능, 대인관계지능, 분석력과 통찰력, 네트워크 활용
    기술이 필요해요. 경영학과, 마케팅학과, 코칭학과, 심리학과, 교
    육학과, 사회복지학과 등 관련 학과에서 학습을 통한 기초 지식
    습득이 필요해요.
    특히 상담 및 심리에 대한 기본적인 지식을 반드시 갖추어야 해
    요. 개인브랜드매니저는 다른 사람과의 대화 주제에 깊이 공감하
    거나 집중할 수 있는 능력을 길러야 돼요. 또한 다양한 사람들을
    만나야 하기 때문에 능숙한 상대에 대한 배려심, 의사소통 능력,
    인내심이 요구되고 무엇보다 윤리의식과 사회봉사 정신이 필요

해요.

Q 어떤 경험이 필요한가요?

A 학교에서 실시하는 또래놀이 시간을 통한 상담, 동아리 활동을 통한 상담 체험, 지역아동센터에서 봉사활동을 지속적으로 경험하기를 추천해요.

자기계발서, 심리학, 코칭학 등에 대해 흥미를 가지고 관련 책 읽기도 권장해요. 사람의 능력을 진단하고 개발하는 캠프, 대인관계 향상 프로그램 등에 참여하면 도움이 돼요.

Q 전망은 어떤가요?

A 개인을 홍보해서 브랜드화하려는 노력이 다양한 곳에서 시도되고 있어요. 자신만의 개성이 중요시되는 사회에서 자신의 강점, 성격, 적성, 역량을 제대로 알고자 하는 사람들의 욕구가 커지고 있어요. 더 나아가 다른 사람들에게 혹은 기업들에게 자신만의 브랜드 가치를 알려 이미지 변신, 경력이나 명성 등의 업그레이드 욕구가 커지고 있어 새로운 직업에 대한 전망이 밝아 보여요.

특수효과전문가

Q 어떤 일을 하나요?

A 영상 매체에서 출연자들의 연출 효과를 높이기 위해 컴퓨터그래
픽과 합성 등을 활용하여 다양한 배경과 극적인 장면을 자연스럽
게 만들어 내는 일을 하는 전문가예요. 하늘을 날아다니는 슈퍼
히어로나 괴물들, 거대한 파도나 지진에 무너지는 큰 빌딩을 실
제처럼 만들어 내기 위해서는 특수효과가 필요하지요.

Q 어떤 능력이 필요한가요?

A 시각공간지능, 창의력, 독창성, 미적감각이 필요해요. 미술 관련
학과, 시각디자인학과, 영상디자인학과, 컴퓨터그래픽학과 등 관
련 학과에서 학습을 통한 기초 지식 습득이 필요해요.
영상을 만들 때 쓰이는 특수한 영상 언어와 영상 편집에 대한 지
식과 이해력이 있으면 좋아요. 특수효과의 대부분은 컴퓨터그래
픽 프로그램을 이용하기 때문에 이에 대한 기본 지식을 갖추어야
해요. 특수효과를 실감 있게 표현하려면 섬세하고 꼼꼼한 연출
능력도 갖춰야 해요. 또한 오랜 시간 동안 컴퓨터 앞에 앉아서 작
업해야 하기 때문에 인내력과 집중력이 요구돼요.

Q 어떤 경험이 필요한가요?

A 한국영화박물관, 남양주종합촬영소, KBS박물관, 서울애니메이
션센터 등에서 견학과 함께 다양한 체험을 해보세요. 컴퓨터그

래픽을 이용한 디자인 해보기, 색상과 이미지 디자인 해보기, 디지털 일러스트레이션 편집하기 등을 경험해 보면 많은 도움이 돼요. 포토샵이나 일러스트레이터, 마야(3D 영상편집 프로그램) 같은 디자인 관련 컴퓨터 프로그램도 익혀야 해요.

Q 전망은 어떤가요?

A 워크넷(https://www.work.go.kr) 직업정보에 따르면 문화산업이 발달하면서 영화나 드라마 등 영상 연출을 효과적으로 구현하는 전문적인 그래픽 기술에 대한 수요가 증가하고 있다고 해요. 이에 특수효과전문가는 3D나 4D에서 5D까지 단계별로 세분화되어 성장하고 있고 향후 10년간 해마다 증가할 것으로 전망하고 있어요. 특수효과전문가는 영상이나 영화 제작에 있어서 매우 중요한 역할을 담당하고 있어요. 특수효과는 디자인 분야에서 가장 전망이 밝은 것으로 예측돼요. 그것은 미래의 영상에 60~70퍼센트까지 특수효과를 활용한 장면이 반영되어 현장감을 더욱 극대화할 것으로 내다보고 있기 때문이에요.

TIP ｜ 한국영화박물관, 남양주종합촬영소, KBS박물관, 서울애니메이션센터

문화콘텐츠디자이너

Q 어떤 일을 하나요?

A 문화예술과 타 분야를 융합하고 새로운 문화예술을 창조하여 신 개념 문화예술 분야를 이끌어가는 융합 콘텐츠 디자이너예요. 다시 말하면 새로운 콘텐츠 아이디어 발상과 스토리텔링을 기반으로 수학, 건축, 역사 등 타 학문을 문화예술로 풀어내어 새롭게 융합화된 교육콘텐츠를 만들어 내는 융합형 콘텐츠 기획 전문가라고 할 수 있어요. 문화콘텐츠로 창조할 주제를 찾아내고 다양한 자료를 조사하여 새로운 콘텐츠를 만들 수 있는지 검토하고 실제로 다양한 형태의 콘텐츠로 제작하는 일을 해요.

Q 어떤 능력이 필요한가요?

A 시각공간지능, 창의력, 예술 시각 능력이 필요해요. 문화콘텐츠 학과, 디지털문화콘텐츠학과, 방송문화콘텐츠학과 등 관련 학과에서 학습을 통한 기초 지식 습득이 필요해요.

영화, 웹툰, 캐릭터, 애니메이션, 영상 같은 다양한 문화콘텐츠를 만들어 내고 융합할 수 있는 유연한 사고와 창의적 생각이 필요해요. 기본적으로 예술 분야(미술, 음악, 문학 등)에 관심이 많아야 하고 창의성을 발휘할 수 있는 주제에 흥미를 느낄 수 있으면 좋아요.

Q 어떤 경험이 필요한가요?

A 한국영화박물관, 서울애니메이션센터, 국립중앙박물관, 국립어린이박물관, 부천만화박물관, 경주세계문화엑스포, 경기도박물관, 현대미술관 등의 견학과 다양한 체험을 추천해요.
문화 관련 잡지 구독, 미술 감상, 다양한 주제의 독서, 공연 및 전시 관람, 영화 등에 관심을 가지고 경험해 보세요.

Q 전망은 어떤가요?

A 문화콘텐츠 산업은 지속적으로 성장하고 있어요. 문화콘텐츠를 제작하고 서비스를 제공하는 기업이 많아서 취업할 곳이 많아요. 캐릭터와 게임, 애니메이션, 영화를 만드는 기업, 방송국 등 다양한 기업에서 일할 수 있어요. 경력이 쌓이면 창업을 하거나 프리랜서 활동도 가능해요. 한국콘텐츠진흥원이나 문화관광연구원, 영화진흥위원회 등 문화예술 분야와 관련된 공공 기관이나 공기업에도 진출할 수 있어요. 문화콘텐츠 산업의 전체 규모나 수출도 계속 증가하고 있어요. 현재도 중국, 동남아시아, 북미 등으로 해외 진출이 활발하게 일어나고 있어요.

TIP 한국영화박물관, 서울애니메이션센터, 국립중앙박물관, 국립어린이박물관
부천만화박물관, 경주세계문화엑스포, 경기도박물관, 현대미술관

헬스케어컨버전스전문가

Q 어떤 일을 하나요?

A 건강진단 및 관리를 위한 융복합 IT 기술을 헬스케어에 접목시켜 1일 운동량, 심장박동 등을 체크하여 실질적인 건강을 관리할 수 있는 서비스를 기획하고 개발하는 일을 해요. 건강관리를 통해 질병 예방에 스마트 헬스케어 기기가 잘 활용될 수 있도록 서비스를 지원하는 일도 해요. 건강진단 및 관리를 위한 새로운 과학기술과 도구를 개발하고, 관련 전문데이터를 저장하고 관리하며 측정 결과 분석을 통해 질병, 건강과 관련된 서비스에 활용할 수 있도록 하는 전문가예요.

Q 어떤 능력이 필요한가요?

A 논리수학지능, 대인관계 능력, 분석력과 창의력, 자기주도적 능력이 필요해요. 의생명건강관리학과, 생리학과, 생명과학과, 의학과, 의공학과, 헬스케어경영학과 등 관련 학과에서 학습을 통한 기초 지식 습득이 필요해요.

다양한 분야의 전문가, 사회, 건강관리의 주체인 대중과의 소통 능력, 생명과학뿐 아니라 의료, 사회, 문화, 정치, 경제에 대한 폭넓은 시야, 윤리적인 태도와 올바른 판단력이 필요해요.

Q 어떤 경험이 필요한가요?

A 국립과천과학관, 서울국제헬스케어박람회, ICT헬스케어박람회, 의료기기 전시회, 한의학박물관 등에서 참관과 함께 다양한 체험을 해보세요.

의료계 소식에 관심이 있으면 좋겠지요. 의료 정책의 변화, 최근 발표된 논문이나 의학잡지, 헬스케어 관련 잡지, 건강과 관련된 주제의 독서를 하면 도움이 돼요. 동아리 활동, 봉사활동, 스마트 헬스케어 체험부스, 스마트 건강체험관 등에 관심을 가지고 경험해 보세요.

Q 전망은 어떤가요?

A 우리나라는 세계 최고 수준 의료, ICT 기술을 보유하고 있어 헬스케어컨버전스전문가를 육성하기에 좋은 환경이에요. 개인 맞춤형 의료서비스를 개발할 수 있고, 통계 분석으로 계층별 질병 정보도 도출하여 서비스를 지원할 수 있어요. 건강 문제 대비와 동시에 고부가가치 창출이 가능한 건강관리의 중요성과 스마트 헬스케어 핵심기술의 발전이 헬스케어컨버전스전문가라는 새로운 직업의 전망을 밝게 하고 있어요.

TIP 국립과천과학관, 서울국제헬스케어박람회, ICT헬스케어박람회
의료기기전시회, 한의학박물관

헬스케어컨설턴트

Q 어떤 일을 하나요?

A 질병 예방과 질병 치료를 위한 최신 의료정보 제공 및 상담을 해주고, 개인이 체계적으로 건강관리를 할 수 있도록 도와주는 일을 해요. 어느 병원에서 어떤 치료를 받으면 좋을지, 식단 관리 방법, 의학적인 운동 관리법, 정신적인 스트레스 관리 등에 대한 전문적인 프로그램도 개발하고 상담도 하지요.

Q 어떤 능력이 필요한가요?

A 언어지능, 대인관계지능, 이해력과 전달력, 리더십이 필요해요. 의생명건강관리학과, 생리학과, 심리학과, 의학과, 영양학과, 헬스케어공학과, 헬스케어경영학과 등 관련 학과에서 학습을 통한 기초 지식 습득이 필요해요.
체육 관련 전공을 이수하여 운동의학의 지식을 쌓으면 좋아요. 다른 사람의 말을 잘 이해하고 자신의 생각을 잘 전달할 수 있는 의사소통 능력이 필요해요. 다른 사람들의 생각이나 관점에 영향을 주기 때문에 책임감이 있어야 해요.

Q 어떤 경험이 필요한가요?

A 국립과천과학관, 서울국제헬스케어박람회, ICT헬스케어박람회, 의료기기전시회, 한의학박물관 등에서 참관과 함께 다양한 체험을 해보세요.

사회복지시설이나 요양원에서 하는 봉사활동도 좋은 경험이 될 거예요. 학교에서는 또래 상담 활동을 하면 도움이 돼요. 의료계 소식에도 관심이 있으면 좋겠지요. 의료 정책의 변화, 최근 발표된 논문이나 의학 잡지, 헬스케어 관련 서적 등을 자주 읽어보면 도움이 돼요.

Q 전망은 어떤가요?

A 평균수명이 늘어나고 건강과 여가에 대한 관심이 높아지면서 헬스케어컨설턴트의 전망이 밝아요. 또한 평균수명의 연장으로 노인 계층이 증가하면서 복잡 다양한 의료시스템을 알지 못하는 노인들에게 관련 의료 정보를 제공해 주고 건강관리를 해주는 직업이기에 더욱 필요해질 거예요. 한국직업능력연구원 커리어넷에 따르면 우리나라 헬스케어 시장도 점점 커지고 있으며 이와 함께 정부에서는 헬스케어 산업 성장을 위한 다양한 정책과 사업들이 추진되고 있다고 해요. 국제 헬스케어 시장 규모는 2019년 100조 원에서 2026년 600조 원까지 성장할 것으로 예측하고 있어요. 이러한 점은 헬스케어컨설턴트의 미래에 긍정적인 영향을 미칠 것으로 보여요.

TIP 국립과천과학관, 서울국제헬스케어박람회, ICT헬스케어박람회
의료기기 전시회, 한의학박물관

가정에코컨설턴트

Q 어떤 일을 하나요?

A 생활 속에서 에너지 절약을 쉽게 할 수 있는 방법이 많지만 구체적인 실천 방법을 몰라서 하지 못하고 있는 사람도 많아요. 이들을 위해 가정에코컨설턴트가 가정을 방문해 물과 에너지를 절약하는 방법을 소개하며 컨설팅해 주는 역할을 담당하게 돼요. 가정에코컨설턴트는 가정 내에 있는 유해환경물질 요소를 파악하여 실내 공기 정화 방법을 제시하고, 물과 에너지를 절약하여 건강한 삶을 살 수 있도록 안내해 주고 상담해 주는 맞춤 전문 컨설턴트에요. 가정을 방문해 전기, 가스, 수도 등 에너지 사용 실태를 진단하고 절감할 수 있는 방법을 안내하고 효율적인 에너지 사용 방법을 컨설팅해요. 홈에너지컨설턴트, 그린홈닥터, 그린홈컨설턴트, 그린코디라고 부르기도 해요.

Q 어떤 능력이 필요한가요?

A 논리수학지능, 대인관계지능, 이해력과 전달력이 필요해요. 전기공학과, 에너지공학과, 환경공학과, 환경보건학과 등 관련 학과에서 학습을 통한 기초 지식 습득이 필요해요.

에너지, 환경, 인류 문제와 관련 깊은 과학이나 사회 과목 지식이 풍부하면 가정에코컨설턴트로 활동하는데 도움이 돼요. 가정을 방문하여 컨설팅해야 하기 때문에 대인관계 능력이 좋아야 하고 기본적으로 에너지 자원을 절약하는 습관을 길러야 해요.

Q 어떤 경험이 필요한가요?

A 서울에너지드림센터, 국립과천과학관, 녹색에너지체험관, 기후
변화체험교육관, 신재생에너지체험관, 환경안전체험관에서 참
관과 함께 다양한 체험을 해보세요.

환경 분야와 관련된 동아리 활동, 자원봉사, 독서 활동 등을 추천
해요. 가정에코컨설턴트로 활동하려면 서울에너지드림센터와
녹색교육센터, 경기도 기후변화 교육센터 등 환경 관련 단체에서
진행하는 가정에너지컨설턴트 양성교육을 이수해야 해요.

Q 전망은 어떤가요?

A 전력 절감, 물 절약, 에너지 절감 관련 사업이 활성화되면서 가정
에코컨설턴트는 우리에게 친숙한 직업이 될 전망이에요. 가정마
다 에너지 진단서비스로 에너지 절감이 이루어질 수 있도록 가정
에코컨설턴트의 역할이 기대돼요. 홈에너지컨설팅 관련 사업에
참여하여 활동하며, 환경단체, 환경보호기관, 지방자치단체, 문
화센터 등에서 다양하게 활동할 수 있어요.

서울에너지드림센터, 국립과천과학관, 녹색에너지체험관
기후변화체험교육관, 신재생에너지체험관, 환경안전체험관

도시계획퍼실리테이터

Q 어떤 일을 하나요?

A 경기도가 실시했던 도시계획소통전문가 육성 과정에 따르면 도
시계획퍼실리테이터facilitator란 도시계획에 관한 전문 지식을 가
지고 도시계획 과정 중 주민 참여와 주민 의견 수렴을 효과적으
로 유도할 수 있는 퍼실리테이션(조력)의 능력을 갖춘 전문가라고
정의하고 있어요. 도시계획을 위한 회의, 워크숍 등에서 진행을
원활히 하면서 합의나 상호 이해를 위한 토론 또는 효과적인 교
육이 이루어지도록 조정하는 역할을 해요. 도시 내의 자원, 문제
의 현상과 개선방향, 필요한 시설을 제안하며 시에서 원하는 도
시를 만들어 가도록 촉진하고 돕는 역할을 해요.

Q 어떤 능력이 필요한가요?

A 대인관계지능, 시각공간지능, 통찰력이 필요해요. 도시계획학과,
환경공학과, 토목공학과, 건축공학과, 행정학과, 사회학과 등 관
련 학과에서 학습을 통한 도시 계획에 관한 기본 지식 습득이 필
요해요.

도시계획퍼실리테이터는 지속적으로 현장에서 듣고, 판단하고,
의사결정을 촉진하는 역할을 하기 때문에 대인관계지능을 키우
면 좋아요. 어떠한 문제도 스스로 해결할 수 있도록 촉진자로서
도움을 주는 활동가로 학교 내에서의 활동도 필요해요. 수평적인
관계 속에서 다양하고 창의적인 생각을 가지고 구성원이 해답을

제시할 수 있도록 역량을 가져야 해요. 관련 분야의 지식을 통합하여 사고하는 능력과 수학 또는 공학계열에 관심과 역량이 있는 사람, 시민들의 의견을 경청하고 적극적 참여를 유도할 수 있으며 중립성과 균형감각을 가질 수 있어야 해요.

Q 어떤 경험이 필요한가요?

A 서울역사박물관, 건축박람회, 각 지자체 청사 등에서 참관과 함께 다양한 체험을 해보세요.

직접 아이디어 발산, 의견수렴, 조율, 갈등 조정 등 의사결정 과정에서 집단 스스로 해결책과 비전을 이끌어낼 수 있도록 견인하는 퍼실리테이터의 역할과 기능을 익힐 수 있는 동아리 활동이나 토론대회 등이 도움이 돼요.

Q 전망은 어떤가요?

A 과거와 달리 도시계획은 행정이 주도하는 물리적 환경개선의 틀을 벗어나 시민의 주체적 참여를 통해 삶의 질을 높이는 방향으로 변화하고 있어요[2]. 주민의 요구에 기반하여 도시계획의 결론을 도출해내는 도시계획퍼실리테이터의 역할이 무엇보다 중요한 시대에 살아가고 있어요. 시민들은 시민계획단, 공청회 등을 통해 계획수립 과정에 참여하고 있어 이들을 독려하고 성과를 이끌어내는 전문적인 조력자의 필요성이 높아지고 있어 미래직업 전망이 밝아요.

2) 본 저작물은 경기도에서 2016년 작성하여 공공누리 제1유형으로 개방한 '효과적 시민 참여 유도한 도시계획 소통전문가 키우다' (작성자 원지영)를 이용한 것임.

TIP │ 서울역사박물관, 건축박람회

생활문화기획자

Q 어떤 일을 하나요?

A 지역주민과 지역사회에 문화와 여가에 관한 다양한 정보와 서비스를 제공함으로써 행복한 생활문화 확산을 위한 기획자 역할을 해요. 지역주민과 지역사회, 동호회, 버스킹, 공공미술 전시 등에 여가시간 활용과 알차게 보내는 방법을 알려주고 여가 생활을 지원하는 역할도 해요. 지역주민과 지역사회의 생활문화 확산을 위해 활동하는 촉진자이자 생활문화를 기획하고 실행하는 활동가이기도 해요. 함께 만드는 마을 공동체 행사나 작은 마을축제, 생활문화전시회 등을 기획하고 제안·홍보·진행하는 전문가예요.

Q 어떤 능력이 필요한가요?

A 대인관계지능, 시각공간지능, 창의적 사고, 독창성, 리더십이 필요해요. 문화콘텐츠학과, 디지털문화콘텐츠학과, 사회학과, 공연예술학과, 연극영화학과 등 관련 학과에서 학습을 통한 기본 지식 습득이 필요해요.

아이디어 발산, 의견수렴, 조율, 갈등조정 등 의사결정 과정에서 스스로 해결책을 이끌어낼 수 있도록 연출자이자 기업가의 정신이 필요해요. 특히 성실하고 책임을 가지고 갈등을 진화하는 리더십이 중요해요. 기획서 작성, 보고서 작성 등이 있지만 무엇보다 중요한 것은 지역주민, 공공기관, 지역사회 파트너들과 서로 소통하고 설득하고 함께하는 대화법이 필요해요.

Q 어떤 경험이 필요한가요?

A 각 지자체 문화 행사, 기획 전시, 지역 문화축제 등에서 참관과 함께 다양한 체험을 헤보세요.

다양한 동아리 활동이나 토론대회 등이 도움돼요. 여러 곳에서 진행되고 있는 지역문화공연, 예술문화공연, 음악공연, 마을 여행 등을 통해서 실제적인 관심이 있는지도 확인이 필요해요. 나중에 각 지역 문화재단에서 실시하는 생활문화기획자 양성과정을 이수하면 도움이 돼요.

Q 전망은 어떤가요?

A 경제 활동 인구 증가, 개인별 소득 증가, 주 5일제 근무 등 주말이나 공휴일에 문화 예술 활동이나 여가 활동을 통해 일과 삶의 균형을 찾으려는 사람들이 늘어나면서 생활문화기획자의 전망은 매우 밝아 보여요. 개인, 가족, 동호회, 조직이나 단체 등의 여가 프로그램 기획, 레저에 관한 전문 컨설팅 등이 지속적으로 활성화되고 있기 때문이에요. 지역 기반 생활문화기획자로 문화재단, 문화예술 단체나 소셜벤처* 등에 취업할 수 있고, 1인생활 문화기획자로도 창업할 수 있어요.

> **소셜벤처**social venture
> 사회적 목표 달성을 위해 혁신적이고 체계적인 해결책을 제공하고자 하는 사회적 기업가에 의해 설립된 기업 또는 조직
>
> 출처: 위키백과

뇌 훈련전문가

Q 어떤 일을 하나요?

A 우리의 몸 중에서 아직 많이 알려져 있지 않은 부분이 뇌라고 하
죠. 뇌훈련전문가는 청소년들의 학습 능력과 집중력 향상을 위한
뇌훈련 프로그램, 노인들의 인지력 향상을 위한 뇌훈련 프로그램
등을 상담해 주는 전문가로 활동해요. 뇌훈련전문가는 개인별 뇌
의 상태에 따라 유아부터 노년까지 전 연령을 대상으로 맞춤형
인지기능 향상, 창의성 계발, 스트레스 관리, 정서조절 프로그램
등을 만들어 제공하며 두뇌 훈련을 실시하고 효과가 있었는지 점
검하고 관리하는 일을 하지요.

Q 어떤 능력이 필요한가요?

A 논리수학지능, 대인관계지능, 창의성이 필요해요. 상담심리학과,
커뮤니케이션학과, 사회복지학과, 청소년코칭상담학과 등 관련
학과에서 학습을 통한 기본 지식 습득이 필요해요.
자신의 뇌 상태를 알고, 이를 잘 조절할 수 있는 능력이 있어야
해요. 다른 사람들을 잘 리드해야 하기 때문에 항상 긍정적인 생
각과 자신을 밝고 강하게 유지하고 관리할 수 있는 능력이 중요
해요.

Q 어떤 경험이 필요한가요?

A 교육박람회, 두뇌교육체험관 등에서 참관과 함께 다양한 체험을

해보길 추천해요.

두뇌교육 프로그램을 선정하여 실제 체험해 보고, 훈련된 경험을 통해 다른 사람들의 뇌훈련에 무엇이 필요한지 생각할 수 있으면 좋겠지요. 인지력 향상 프로그램, 창의성 계발 프로그램 등을 체험해 보는 것도 필요해요.

Q 전망은 어떤가요?

A 인공지능AI으로 대체할 수 없는 인간만의 고유한 능력인 두뇌개발훈련전문가는 미래 경쟁력으로 주목받고 있어요. 특히 학습 능력 향상과 성취동기를 부여하는 청소년 두뇌 코칭이 각광 받으면서 점차 학교 수업과 각종 상담 및 특별 활동에도 적용하고 있지요. 또한 중장년, 노년층을 대상으로 하는 치매 예방 두뇌 훈련 프로그램들이 활성화되고 있고, 두뇌 훈련을 접목한 심리 상담이 스포츠 등 다양한 업종으로 영역이 확대되고 있어요. 뇌 융합 시대로 점차 확대되고 있기 때문에 뇌훈련을 돕는 전문가에 대한 직업적 수요도 늘어날 것으로 보여요.

TIP | 교육박람회, 두뇌교육체험관

학부모 TIP

생활·개인 서비스·문화 분야의 미래직업에는 3D푸드프린터 식품개발자, 3D푸드프린터요리사, 곤충식품개발자, 3D패션디자이너, 나노섬유의류전문가, 웹영상소설창작가, 개인미디어콘텐츠제작자, 감성인식기술전문가, 개인브랜드매니저, 특수효과전문가, 문화콘텐츠디자이너, 헬스케어컨버전스전문가, 헬스케어컨설턴트, 가정에코컨설턴트, 도시계획퍼실리테이터, 생활문화기획자, 뇌훈련전문가 등이 있습니다.

우리가 매일 먹는 음식을 만들고 유통하는 식품 산업은 세계 자동차 시장 규모의 4배에 달할 정도로 큰 시장입니다. 현재는 메뉴에 따라 정해진 재료로 요리하거나 이미 완성된 음식을 사 먹지만 미래에는 개인의 몸에 특정한 영양분이 부족하거나 원하는 맛이 따로 있을 때, 음식의 질감이나 모양도 개인별 맞춤형 음식을 먹을 수 있다는 거예요. 개인 서비스나 문화 산업 분야에서도 현재까지는 제한된 콘텐츠를 제공하는 방식에서 미래에는 나만의 콘텐츠를 제작하고 전 세계와 공유하는 시대로 계속 확장되고 있습니다.

4. 교통·우주

무인항공기시스템개발자

Q 어떤 일을 하나요?

A 무인항공기시스템개발자는 물류, 농업, 군사 등 다양한 분야에서 무인항공기 시스템의 설계, 제조, 작동, 유지 등에 필요한 일을 해요. 무인항공기의 소프트웨어 개발, 자동운항 시스템 개발, 공학적 설계, 정보수집 시스템 설계 등을 연구하는 일을 해요.

Q 어떤 능력이 필요한가요?

A 논리수학지능, 대인관계지능, 창의력과 도전정신이 필요해요. 무인항공기학과, 드론학과, 항공우주학과, 기계공학과, 전자공학과, 컴퓨터공학과 등 관련 학과에서 학습을 통한 기본 지식 습득이 필요해요.

수학, 과학, 물리, 로보틱스에 대한 지식과 관심이 있으면 좋아요. 무인항공기의 안전을 위해 명확하고 체계적으로 연구하는 꼼꼼함을 갖추어야 해요. 또한 다양한 분야의 개발자들과 융합과 협동이 필요하기 때문에 소통 능력이 중요해요.

Q 어떤 경험이 필요한가요?

A 대한민국 드론박람회, 드론체험관, 국립항공박물관, 항공우주박물관 등을 참관하고 다양한 체험을 해보세요.

다양한 코딩 프로그램 경험, 로봇 조립 및 로봇 무선 조종 등도 경험해 보세요. 또한 다양한 창의성을 계발하기 위한 프로그램 참여도 도움이 돼요.

Q 전망은 어떤가요?

A 국내 대학에서도 무인항공기학과, 드론학과가 개설될 정도로 미래 수요가 많을 것으로 예측돼요. 군사용으로만 활용하던 것이 지금은 농업, 택배, 음식 배달 등 상업적 무인항공기 도입으로 실생활 속 수요 증가에 따라 무인항공기시스템개발자의 일자리는 크게 늘어날 것으로 전망돼요. 미국의 연방항공기구FAA, 국립항공우주국NASA 등에서도 활동할 수 있으며, 다양한 무인기 관련 업체에서 일할 수 있어요.

TIP ｜ 드론박람회, 드론체험관, 국립항공박물관, 항공우주박물관

진공튜브열차기술자

Q 어떤 일을 하나요?

A 차세대 대중교통시스템 연구개발자로 역과 역 사이를 연결하는 초대형 진공튜브 시스템을 구축하고 열차가 안전하게 운행될 수 있도록 시설물을 설치, 유지, 보수하는 기술자예요. 진공에 가까운 튜브 구조물에서 차량을 띄움으로써 공기 저항과 마찰 저항을 줄여서 시속 1200Km/h 이상의 속도로 갈 수 있는 열차를 만들고 연구하는 일을 해요. 비행기보다도 빠른 속도로 이동할 수 있는 교통수단을 만들어 내는 기술자예요. 만약에 이 진공튜브열차가 개발된다면 서울에서 부산까지 16~20분 사이에 도착할 수 있다고 해요.

Q 어떤 능력이 필요한가요?

A 논리수학지능, 공간지능, 창의성, 도전정신이 필요해요. 물리학과, 기계공학과, 전자공학과, 컴퓨터공학과, 건축공학과, 철도차량시스템공학과 등 관련 학과에서 학습을 통한 기본 지식 습득이 필요해요.

자기부상과 공기 압축 기술이 필요하기 때문에 수학, 과학과 물리에 대한 흥미가 있어야 하고, 새로운 아이디어에 도전할 수 있는 능력이 필요해요. 진공튜브열차기술자는 끈기와 강한 책임감, 자기통제, 집중력 있는 성격이 요구돼요.

Q 어떤 경험이 필요한가요?

A 국립과천과학관, 국립중앙과학관, 철도박물관, 과학축전 등을 참관하고 다양한 체험을 해보세요.
한국철도기술연구원에서 운영하는 청소년 철도과학교실에서의 자기부상열차의 원리를 이용한 자기부상열차 키트를 조립하면서 철도과학기술 원리를 체험해 보는 것도 좋아요.

Q 전망은 어떤가요?

A 우리나라를 비롯하여 미국, 중국, 일본, 두바이, 유럽 등 세계 여러 나라가 진공튜브열차 기술 개발에 도전하고 있어요. 이 기술은 미래 운송, 이동 수단이 될 것으로 주목받고 있어요. 진공튜브 기술을 도심형 개인 운송수단으로 개발하려는 연구도 진행 중이에요. 진공에 가까운 튜브를 만들고 공기압, 자기력을 이용하여 빠른 속도로 이동을 하는 차세대 이동 수단으로 철도 선진국에서는 주요 기술로 개발하고 있는 기술이기 때문에 전망이 밝을 것으로 예측돼요.

TIP 국립과천과학관, 국립중앙과학관, 철도박물관, 과학축전
한국철도기술연구원

항공우주공학자

Q 어떤 일을 하나요?

A 항공기나 위성체 또는 발사체와 같은 우주항공시스템을 연구하
거나 개발하는 연구원이에요. 우주 공간에서 비행을 하거나 유영
할 수 있는 항공기(무인 항공기인 드론 포함), 우주선, 로켓, 인공위성
을 연구하고 개발해요.

Q 어떤 능력이 필요한가요?

A 논리수학지능, 시각공간지능, 창의력과 분석력, 정확한 판단력이
필요해요. 항공우주공학과, 항공전자공학과, 기계공학과, 전자공
학과, 재료공학과, 화학공학과, 제어공학과 등 관련 학과에서 학
습을 통한 기본 지식 습득이 필요해요.
기본적으로 수학과 과학을 잘하고 좋아하면 유리해요. 특히 물
리, 화학 과목에 흥미를 가지고 있어야 해요. 항공우주기술은 새
로운 기술을 배워야 하기 때문에 영어 실력이 필요해요. 또한 새
로운 것에 대한 탐구력, 호기심, 창의성, 문제해결력이 요구돼요.

Q 어떤 경험이 필요한가요?

A 국립과천과학관, 국립중앙과학관, 국립항공박물관, 항공우주박
물관, 항공우주천문관 등을 참관하고 다양한 체험을 해보세요.
항공우주와 관련된 동아리 활동, 항공우주 관련 과학교실 등에서
체험, 수학·과학 경시대회, 과학 토론대회 등에 참가하면 도움이

돼요.

Q 전망은 어떤가요?

A 항공우주공학자는 한국항공우주연구원KARI, 한국과학기술연구
원, 한국기계연구원, 항공기 제작회사, 헬리콥터 개발 회사 등에
서 일할 수 있어요. 자동차, 전자산업 기업까지 진출할 수 있어
요. 항공우주공학은 미래의 국가 위상과 국가 경쟁력을 좌우하는
중요한 과학기술이기 때문에 연구원이나 기술자는 더욱 확대될
것으로 예측돼요. 한국항공우주연구원에 따르면 우리나라의 항
공우주공학 분야는 세계에서 두 번째로 수직 이착륙과 고속비행
이 가능한 무인기 개발에 성공했다고 해요. 인공위성 개발 기술
력 수준도 세계 6~7위이고, 달 탐사를 위한 계획도 추진하고 있
다고 해요. 항공우주공학은 앞으로도 발전가능성이 무궁무진하
다고 볼 수 있어요.

TIP 국립과천과학관, 국립중앙과학관, 국립항공박물관, 항공우주박물관
항공우주천문관

우주관리인

Q 어떤 일을 하나요?

A 우주 공간에는 기능을 다한 인공위성, 로켓의 잔해, 파편 등이 떠돌아다니고 있어요. 이것을 우주쓰레기라고 해요. 우주관리인은 이러한 우주쓰레기를 효과적으로 처리할 수 있는 기술을 연구하는 일을 해요. 로봇공학이나 우주산업 관련 연구원과 비슷한 일을 하는 연구원이에요.

Q 어떤 능력이 필요한가요?

A 논리수학지능, 시각공간지능, 분석력과 정확한 판단력이 필요해요. 항공우주공학과, 항공전자공학과, 기계공학과, 로봇공학과, 교통학과, 운송학과 등 관련 학과에서 학습을 통한 기본 지식 습득이 필요해요.

최첨단 청소위성을 조정해야 하고 우주쓰레기 위치를 계산해 어디서 어떻게 처리할 것인지 정확하게 분석하고 판단해야 하기 때문에 분석적이며 꼼꼼한 성격을 가진 사람에게 적합해요. 새로운 기술을 습득할 수 있는 능력도 요구돼요.

Q 어떤 경험이 필요한가요?

A 국립과천과학관, 국립중앙과학관, 국립항공박물관, 항공우주박물관, 항공우주천문관 등을 참관하고 다양한 체험을 해보세요.

항공우주와 관련된 동아리 활동, 항공우주 관련 과학교실에서 체험해 보세요. 미국항공우주국NASA에서 개최하는 가상의 달 표면에서 자원 채취를 겨루는 로봇채굴대회Robotic Mining Competition, 샘플채취로봇시합Sample Return Robot Challenge에도 관심을 가져보세요.

Q 전망은 어떤가요?

A 세계는 이미 우주여행 분야에서 상업화가 확대되고 있어요. 2021년 9월에 엘런 머스크Elon Musk가 설립한 민간 우주 기업 스페이스X의 유인우주선 '인스피레이션4'는 전문 우주선 조종사 없이 일반인 4명을 태우고 지상에서 575킬로미터 고도까지 올라가 3일간 지구를 돌며 우주여행을 즐기고 귀환했지요. 우주 직업 시대가 눈앞에 성큼 다가와 있다고 볼 수 있어요. 그에 따라 우주 시대에 우주쓰레기가 더 많아질 것에 대비한 우주관리인의 필요성은 더 증가할 것으로 예측돼요. 우주관리인은 주로 국제우주연구소나 항공우주 전문 분야에서 일을 할 수 있어요. 우주관리인은 우주 시대에 살아갈 미래 인류의 생존을 위해 꼭 필요한 직업이기에 발전 가능성과 함께 전망이 밝아 보아요.

TIP 국립과천과학관, 국립중앙과학관, 국립항공박물관, 항공우주박물관
항공우주천문관

극초음속비행기기술자

Q 어떤 일을 하나요?

A 극초음속비행기기술자는 극초음속(하이퍼소닉)비행기로 세계 어디든지 1시간 만에 도착할 수 있는 비행기의 엔진, 소재, 부품 등을 연구하고 개발하는 전문가예요. 극초음속비행기는 우주 가장자리에서 극초음속의 속도로 약 15분 비행한 뒤 지구 대기권으로 내려와 일반 공항에 착륙하는 비행기예요. 새로운 기술의 엔진 개발, 극초음속 항공기, 스마트 무인기(드론) 등의 개발 사업에 참여해 다양한 연구 활동을 수행해요.

Q 어떤 능력이 필요한가요?

A 논리수학지능, 대인관계지능, 분석력, 창의성이 필요해요. 항공우주공학과, 항공전자공학과, 기계공학과, 물리학과 등 관련 학과에서 학습을 통한 기본 지식 습득이 필요해요.
새로운 기술을 습득할 수 있는 능력도 필요하고, 집중력, 인내심과 친화력이 요구돼요.

Q 어떤 경험이 필요한가요?

A 국립과천과학관, 국립중앙과학관, 국립항공박물관, 항공우주박물관, 항공우주천문관 등을 참관하고 다양한 체험을 해보세요.
항공우주와 관련된 동아리 활동, 항공우주 관련 과학교실 등의 체험을 추천해요. 유초등학교 때부터 로봇, 레고 등을 조립하고 분해하는 경험도 도움이 돼요. 중고등학교 때에는 코딩 프로그램 등을 배우거나 드론 진로체험도 경험해 보길 권해요.

Q 전망은 어떤가요?

A 극초음속 비행기 엔진 등의 연구가 실용화하려면 시간이 더 필요하지만 미국의 항공우주 전문 기업인 허미어스Hermeus는 미 공군과 함께 마하5의 속도로 비행할 수 있는 항공기 개발을 목표로 하고 있어요. 기존 항공기보다 압도적으로 빠른 극초음속항공기를 개발할 것이라고 해요. 이러한 기술을 연구 개발하는 일에 참여하는 극초음속비행기기술자의 전망은 매우 밝을 것으로 예측돼요. 이 기술자는 민간 항공기뿐 아니라 전투기, 스마트 드론 등에도 상용화할 수 있기 때문에 그 수요가 더 많을 것으로 보여요.

TIP 국립과천과학관, 국립중앙과학관, 국립항공박물관, 항공우주박물관
항공우주천문관

스마트카교통체계관리자

Q 어떤 일을 하나요?

A 스마트카Smart car란 첨단의 컴퓨터·통신·측정기술 등을 이용하여 자동으로 운행할 수 있는 차량을 말해요. 자동차에 장착된 지구 위치측정위성시스템 수신기로 정확한 위도와 경도를 통보받아 계기판에 정밀한 지도를 제시하고, 현 위치에서 목적지까지 가장 효율적으로 가도록 해주는 관리자이기도 해요. 스마트카교통체계관리자는 스마트 도로 관리자가 되어 직접 설계하거나 시공을 해요. 신호관리자가 되어 신호를 설치하는 현장 전문가들과 협업을 통해 실질적인 교통의 체계를 만드는 일을 하기도 해요. 자동차와 도로에 있는 교통시스템 사이를 조정하여 센서와 통신 등 각 기능들의 역할이 잘 이루어지는지 시스템을 통합하고 확장하는 일도 수행하지요.

Q 어떤 능력이 필요한가요?

A 논리수학지능, 대인관계지능, 창의적 사고 능력이 필요해요. 건설환경도시교통공학부, 교통공학과, 교통시스템공학과 등 교통 관련 학과에서 학습을 통한 기본 지식 습득이 필요해요.
단순히 정답을 맞히는 것이 아니라 문제를 해결하는 역량을 키워 나감과 동시에 자기주도적 학습을 바탕으로 생각하는 힘을 기를 수 있어야 해요. 스마트카 교통체계 핵심 기술과 함께 인공지능 기술을 이해하고 문제를 해결할 수 있는 능력과 함께 컴퓨팅적 사고력이 필요해요.

Q 어떤 경험이 필요한가요?

A 국립과천과학관, 국립중앙과학관, 자동차박물관, 미래교통체험
관, 교통안전교육체험관 등을 참관하고 다양한 체험을 해보세요.
파이썬 코딩 프로그램을 사용하여 그룹 안에서 자율주행자동차
를 움직이는 알고리즘을 학습하는 것도 좋은 경험이에요. 메이커
융합교육 프로그램 참여를 통한 관계형성 및 사회성 향상을 키워
나가는 것도 필요해요.

Q 전망은 어떤가요?

A 스마트카에 적용되는 새로운 기술인 안전기술, 네트워크 및 보안
장치에 대한 연구와 개발은 보다 편리하고 안전한 교통시스템 구
현을 위해 세계 여러 나라가 경쟁적으로 투자하며 실현해 나아가
고 있어 전망이 매우 밝을 것으로 예측돼요. 정보통신기술의 발
달로 차량과 차량, 차량과 주변 인프라 간 실시간 정보를 주고받
음에 따라 미래형 스마트 교통 시스템에 대한 기대감이 고조되
고 있어요. 5G의 상용화와 더불어 자율 주행차, IoT 사물인터넷
Internet of Things을 활용한 교통정보 공유시스템, AI 기반 모빌리
티 서비스 등 첨단기술을 활용한 서비스 모델도 다양하게 등장하
고 있으며 스마트 교통의 성장세는 더욱 빨라지고 있어요[3].

---

3) 본 저작물은 한국인터넷진흥원 '교통분야 ICT 융합 제품서비스의 보안 내재화를 위한
　스마트교통 사이버보안 가이드' 를 참조한 것임.

TIP 국립과천과학관, 국립중앙과학관, 자동차박물관, 미래교통체험관
교통안전교육체험관

전기자동차정비원

Q 어떤 일을 하나요?

A 보통 자동차정비원은 주로 자동차의 고장이나 사고로 인한 정비, 수리 또는 안전성 점검을 해요. 하지만 전기차정비원은 전기배터리, 충전기, 센서 등 전기 장치에 대한 성능평가, 부품 수리 등의 일을 수행해요. 특히 전기차의 프로그램 오류를 진단하고 수정하는 소프트웨어까지 정비해요. 전기차에는 고전압 배터리를 사용하기 때문에 전기차 및 고전압과 관련된 전문교육을 이수한 전기차정비원이 전문 분야라 할 수 있어요.

Q 어떤 능력이 필요한가요?

A 논리수학지능, 대인관계지능, 분석력이 필요해요. 자동차정비학과, 전기공학과, 기계공학과, 화학공학과 등 관련 학과에서 학습을 통해 자동차, 전기, 기계, 센서에 대한 기본 지식 습득과 기술을 보유해야 해요.
전기장치로 인한 전기 감전의 위험성이 있기 때문에 전기에 대한 기본 이론을 습득할 수 있는 전기차 전문교육과정을 이수해야 해요. 문제의 원인을 알아낼 수 있는 추리력과 논리력, 꼼꼼한 분석력을 키우면 좋아요.

Q 어떤 경험이 필요한가요?

A 국립과천과학관, 국립중앙과학관, 전기박물관, 자동차박물관, 미

래교통체험관, 교통안전교육체험관 등을 참관하고 다양한 체험을 해보세요.

어린이직업체험관에서 전기차 관련 체험이나 전기안전관리 체험도 도움이 돼요. 전기를 연결한 회로도 만들기, 전기 회로도를 이용한 로봇, 코딩 프로그램 등의 경험도 필요해요.

Q 전망은 어떤가요?

A 전기차 시장은 국가적으로 점점 확대되고 있어요. 따라서 전기차 정비원은 많이 필요해 보여요. 블룸버그 NEFNew Energy Finance가 발표한 보고서에 따르면 2010년에 수천 대 판매에 불과했던 전기차가 2018년에는 200만 대 이상 판매됐고, 2025년에는 1,000만 대, 2030년에는 2,800만 대, 2040년에는 5,600만 대를 돌파할 것으로 추정하고 있어요. 전기차 세계시장은 2040년이 되면 승용차의 절반 이상을 차지할 것으로 예측하고 있어요. 미국이나 유럽에서는 전기차 및 고전압 관련 교육을 이수하지 않은 정비사는 전기차 정비를 하지 못하도록 하고 있기 때문에 전문 정비원으로 인정받을 수 있어요.

TIP 국립과천과학관, 국립중앙과학관, 전기박물관, 자동차박물관
미래교통체험관, 교통안전교육체험관, 어린이직업제험관

드론표준전문가

Q 어떤 일을 하나요?

A 드론표준전문가는 무인항공기표준전문가라고도 해요. 드론과 관련된 다양한 산업의 표준화 및 적합성 평가, 측정 분야의 직무를 통해 전문적으로 수행하고 드론산업육성을 위한 연구개발 등 직무를 수행할 수 있어요. 택배용 드론, 감시감찰 드론, 농업용 드론, 긴급의료용 드론 등 다양한 드론의 각각 다른 표준을 정하고 관리·인가해 주는 역할을 해요.

Q 어떤 능력이 필요한가요?

A 논리수학지능, 시각공간지능, 분석력이 필요해요. 기계공학과, 로봇공학과, 항공학과, 드론학과, 무인항공기학과 등 관련 학과나 직업훈련 기관에서 기본 지식을 습득해야 하고 논리적이고 합리적으로 생각할 수 있는 능력이 있으면 좋아요.
드론과 관련된 새로운 기술에 대한 호기심이 많고 내용을 이해하기 위해 자료 수집 등의 노력을 기울이고 깊게 탐구하는 과정을 즐길 수 있어야 하고 체계적인 사고력이 필요해요.

Q 어떤 경험이 필요한가요?

A 국립과천과학관, 국립중앙과학관, 드론체험관 등을 참관하고 다양한 체험을 해보세요.
드론을 운전하는 곳에서의 체험도 도움이 돼요. 인공지능, 사물인터넷, 로봇 등과 같은 분야의 지식을 쌓기 위한 노력과 경험이 있으면 좋아요.

Q 전망은 어떤가요?

A 이제 시작되는 드론산업의 드론 표준화에 대한 연구는 글로벌 국가로 성장하고 발전하는 데 도움이 되고 전망이 밝을 것으로 예측돼요. 드론이 점진적으로 대중화됨에 따라 사용목적이나 성능, 기능 등을 분류하여 적절하게 사용하게끔 표준을 전하며, 이에 따라 드론의 사용목적에 맞는 드론표준전문가가 앞으로 더욱 각광 받게 될 것으로 보여요. 해외뿐 아니라 우리나라도 정부 차원에서 드론표준화(무인기표준화) 정립을 진행하고 있어요. 드론표준화를 위해 국제민간항공기구ICAO와 국제표준기구ISO를 중심으로 제정작업이 추진된다고 하니 앞으로 드론표준전문가의 역할이 많아질 거예요.

TIP 국립과천과학관, 국립중앙과학관, 드론체험관

드론수리원

Q 어떤 일을 하나요?

A 드론수리원은 드론의 항공시스템을 정비하고 드론의 연결장치를 포함한 배터리, 모터, 엔진, 프로펠러 등의 상태를 점검하고 수리하는 일을 해요. 드론의 구조와 사용되는 통신, 항법 장비, 안테나 등의 특성을 정확히 파악하고 다루는 일도 하는 전문가예요. 프로그램을 이용하여 시스템을 점검하고 나면 테스트 비행을 통해 최종 상태를 확인하고, 드론에서 발생할 수 있는 기술적인 문제들을 살피며 이용자들이 드론을 잘 활용할 수 있도록 돕는 역할도 해요.

Q 어떤 능력이 필요한가요?

A 논리수학지능, 시각공간지능, 분석력이 필요해요. 기계공학과, 로봇공학과, 항공학과, 드론학과, 무인항공기학과 등 관련 학과나 직업훈련 기관에서 기본 지식을 습득해야 하고 논리적이고 합리적으로 생각할 수 있는 능력이 있으면 좋아요.

드론표준전문가처럼 드론, 무인항공기와 관련된 새로운 기술에 대한 호기심이 많고 내용을 이해하기 위해 자료 수집 등의 노력을 기울이고 깊게 탐구하는 과정을 즐길 수 있어야 하고 체계적인 사고력이 필요해요.

Q 어떤 경험이 필요한가요?

A 국립과천과학관, 국립중앙과학관, 드론체험관 등을 참관하고 다양한 체험을 해보세요.

드론을 운전하는 곳에서의 체험이나 캠프도 도움이 돼요. 인공지능, 사물인터넷, 로봇과 같은 분야의 지식을 쌓기 위한 노력과 경험이 있으면 좋겠지요.

Q 전망은 어떤가요?

A 드론은 무인항공기와 함께 택배용 드론, 감시감찰 드론, 농업용 드론, 긴급의료용 드론, 드론 택시 등 다양하게 이용되면서 점점 그 수요가 증가하고 있어요. 드론 이용이 일반화되면서 더욱 급격한 성장이 지속되고 기기에 대한 점검, 정비, 수리하는 일을 하는 드론수리전문가가 많이 필요할 것으로 전망돼요.

TIP | 국립과천과학관, 국립중앙과학관, 드론체험관

차량소프트웨어보안관리사

Q 어떤 일을 하나요?

A 차량에 내재되어 있는 소프트웨어의 취약점을 진단·평가하고 보호하며 안전하게 관리하여 이용할 수 있도록 돕는 역할을 수행하는 전문가예요. 커넥티드 카*, 자율주행자동차, IoT 등 신기술을 탑재한 자동차들이 선보이면서 점점 전자 시스템화된 부분이 많아짐에 따라 해커들이 보안 취약점을 공격하는 가능성이 높아지면서 이를 막고 관리할 수 있는 차량 소프트웨어 보안 관리사의 역할이 더욱 커지고 있어요. 커넥티드 카는 통신망에 연결된 자동차로, 통신 수단으로 무선랜, LTE 이동통신 등이 사용된다고 해요.

> **커넥티드 카**
> 통신망에 연결된 자동차. 커넥티드 카는 다른 차량이나 교통 및 통신 인프라, 보행자 단말 등과 실시간으로 통신하며 운전자의 편의와 교통 안전을 돕고 인터넷의 다양한 서비스를 제공한다.
> 출처: IT용어사전

Q 어떤 능력이 필요한가요?

A 논리수학지능, 시각공간지능, 분석력이 필요해요. 컴퓨터공학과, 전자공학과, 소프트웨어공학과, 정보통신공학과 등의 관련 학과나 직업훈련 기관에서 프로그램언어, 운영체제, 데이터베이스 등의 다양한 컴퓨터 관련 지식이 필요해요.

또한 새로운 것을 배우거나 문제를 해결하기 위해 체계적으로 이치에 맞는 생각을 하는 능력이 있으면 도움이 돼요. 문제에 대한

답을 구하기 위해 정보를 분석하거나 논리를 사용하는 연습도 필요해요.

Q 어떤 경험이 필요한가요?

A 정보보안 전문가가 되기 위해서는 SW(소프트웨어) 아카데미 과정 수강을 통해 프로그래밍 구조와 흐름을 이해하는 파이썬, 운영체제 전반을 이해할 수 있는 리눅스, 웹 해킹 실습과 함께 보안전문가, 서버·네트워크전문가 등 다양한 정보보호 분야 진로를 체험하면 좋아요.
컴퓨터 보안과 관련된 첨단보안안전산업대전 참관, 자동차회사 견학, 삼성교통박물관, 경주세계자동차박물관 견학도 추천해요.

Q 전망은 어떤가요?

A 미국의 도로교통운송국NHTSA에 따르면, 2035년경에는 전 세계의 자동차 중 약 29퍼센트가 완전자율주행자동차가 될 것으로 예상된다고 해요. 자동차와 관련된 보안 시장도 빠른 속도로 성장할 것이기에 차량소프트웨어보안관리사의 역할은 매우 중요하게 될 것이며 그 수요도 계속 증가할 것으로 보여요.

TIP 첨단보안안전산업대전, 자동차회사, 삼성교통박물관
경주세계자동차박물관

학부모 TIP

교통·우주 분야의 미래직업에는 무인항공기시스템개발자, 진공튜브열차기술자, 항공우주공학자, 우주관리인, 극초음속비행기기술자, 스마트카교통체계관리자, 전기자동차정비원, 드론표준전문가, 드론수리원, 차량소프트웨어보안관리사 등이 있습니다.

현재의 교통·우주 분야는 빠른 속도로 기술 개발에 도전하고 있습니다. 미래에는 차세대 이동 수단인 진공튜브열차와 드론 산업, 스마트 교통체계 기술, 항공우주 공학 기술이 국가 위상과 국가 경쟁력이 좌우하는 중요한 과학기술이라고 볼 수 있습니다.

5. 첨단기술

3D모델러

나노공학기술자

로봇공학기술자

생명정보학자

애니메이터

식품융합엔지니어

식물심리학자

양자컴퓨터전문가

군사로봇전문가

종복원전문가

배양육전문가

3D질감전문가

3D프린터소재전문가

정밀농업기사

사이버물리시스템보안전문가

사이버보안관리사

악성코드분석전문가

사이버포렌식전문가

3D모델러

Q 어떤 일을 하나요?

A 세계 최초의 장편 3D애니메이션은 토이스토리에요. 월트디즈니
   사와 세계 최초로 디지털 애니메이션 스튜디오를 설립한 픽사 제
   작사가 손을 잡고 만든 작품이에요. 이 작품 이후 미국을 중심으
   로 3D애니메이션 시대가 열리게 되었어요. 모델링은 사물이나
   인물 등 모든 것의 뼈대를 만들어요. 3D모델러는 원화가가 스케
   치한 도안이나 디자이너가 스케치한 도안을 3D컴퓨터그래픽을
   활용하여 캐릭터, 배경, 제품 등의 형상을 3D모델로 만들어 내는
   전문가예요. 게임에서도 원화가가 게임의 기반 컨셉트를 잡는 역
   할을 한다면 3D모델러는 원화를 기반으로 가상의 3D 공간에 오
   브젝트와 모션, 효과를 만들어 넣는 역할을 해요.

Q 어떤 능력이 필요한가요?

A 논리수학지능, 시각공간지능, 생각을 현실처럼 다양하게 표현하
   기 위해 필요한 창의력이 중요해요. 산업디자인학과, 컴퓨터그래
   픽학과, 애니메이션학과 등의 관련 학과나 직업훈련 기관에서 컴
   퓨터게임, 컴퓨터그래픽, 게임 디자인 등의 지식이 필요해요.
   컴퓨터 3D프로그램을 잘 다루면 더욱 도움이 되겠지요. 또한 기
   존 드로잉을 완벽하게 나타낼 수 있는 꼼꼼한 관찰력도 갖추면
   좋아요.

Q 어떤 경험이 필요한가요?

A 중학생 이상 참여할 수 있는 3D게임그래픽디자인 체험, 누구나 참여할 수 있는 VR, 3D 체험, 3D프린팅체험관, G밸리4차산업체험센터 등을 추천해요.

3D박물관과 미술관 체험, 국립과천과학관에서의 3D전시관 체험, 서울디자인페스티벌, 디자인코리아페스티벌 등의 견학도 좋아요.

Q 전망은 어떤가요?

A 3D모델링의 필요성이 영화, 애니메이션, 게임 등의 산업뿐 아니라 3D프린팅 산업에서도 대두됨에 따라 많이 활용될 것으로 보여요. 3D프린팅 산업은 의학, 건축, 제조업 분야에서도 활용되고 있고, 캐릭터 산업에서도 피규어를 만들어 내는 사업도 활발하게 진행되고 있어 앞으로의 진출 분야가 넓어지고 있다고 볼 수 있어요.

 TIP 　3D프린팅체험관, G벨리4차산업체험센터, 3D박물관, 미술관
국립과천과학관, 서울디자인페스티벌, 디사인코리아페스티벌

나노공학기술자

Q 어떤 일을 하나요?

A 나노기술을 이용해서 매우 미세하고 정밀한 가공을 하는 전문가 예요. 나노를 측정할 수 있는 장비와 기계 설비, 나노기술 소재, 전자, 바이오 등을 연구하고 개발하는 일을 해요. 나노기술NT, Nano Technology이란 "물질을 나노미터 크기의 범주에서 조작·분석하고 이를 제어함으로써 새롭거나 개선된 물리적·화학적·생물학적 특성을 나타내는 소재·소자 또는 시스템(이하 "소재 등"이라한다)을 만들어 내는 과학기술 및 소재 등을 나노미터 크기의 범주에서 미세하게 가공하는 과학기술"을 말한다('나노기술개발촉진법' 제2조1항)고 해요. 나노미터(10억 분의 1) 단위의 조작을 통해 초소형, 고가소재, 초고속 나노소자, 초경량제품, 광학소재 등을 개발하고 제어하고 디자인하는 기술이에요. 나노는 사람의 머리카락의 대략 100마이크로미터, 즉 0.1mm 정도이므로 1nm(나노미터)는 사람의 머리카락 굵기의 10만 분의 1 정도의 아주 작은 길이 단위예요.

Q 어떤 능력이 필요한가요?

A 논리수학지능, 문제해결 능력, 분석력이 필요해요. 나노공학과, 금속공학과, 재료공학과 등의 관련 학과에서 전공을 하고 석사 이상 졸업하는 것이 유리해요. 학과목에서는 물리, 화학, 생물공학, 기술, 영어를 잘하면 도움이 돼요.

시간 관리를 잘하는 것도 나노공학기술자에게는 중요한 부분이에요. 국가 산업 발전에 선도적 역할을 수행할 수 있는 창의적 설계 능력과 문제해결 능력을 갖춘 인재라면 좋겠지요.

Q 어떤 경험이 필요한가요?

A 한국나노기술원KANC에서의 미래 진로 체험을 추천해요. 나노피아산업전, 세계의 나노기술 축제인 나노코리아 참관을 통해 나노기술과 산업의 미래 트렌드를 조망해 보고 나노기술에 대한 호기심을 가지고 꿈을 키워나갈 수 있는 것도 좋아요.

경남 밀양에 있는 관광, 체험, 교육 등이 가능한 나노융합단지, 국립과천과학관도 추천해요. 또한 밀양에 있는 전국 유일 나노융합 분야 차세대 전문인력 양성을 위한 한국나노마이스터고등학교도 있으니 참조하세요.

Q 전망은 어떤가요?

A 나노기술은 21세기 매우 중요한 기술로 주목받으면서 크게 성장할 것으로 보여요. 세계의 큰 기업들, 우리나라 대기업, 중소기업들도 나노기술을 다양한 산업에 적용하는 사례가 많아지고 있어요. 화장품, 방사선을 막아 주는 제품, 먼지를 막아 주는 제품, 의약품, 나노스프레이, 나노필터 등 다양한 분야에 나노기술을 적용하고 있어 나노공학 기술자의 일자리도 늘어날 전망이에요. 주로 나노공학기술을 활용하여 연구를 하는 연구소 등에 진출할 수 있어요.

TIP 나노피아산업전, 나노코리아, 한국나노기술원, 나노융합단지
국립과천과학관

로봇공학기술자

Q 어떤 일을 하나요?

A 로봇공학은 로봇에게 사람과 유사한 인지, 판단, 운동을 가능하게 하는데 필요한 학문이에요. 따라서 로봇공학기술자는 다양한 곳에서 사용되는 로봇을 연구하고 개발하는 전문가예요. 의료분야와 산업분야 및 실생활에 이용할 수 있는 로봇을 연구하고 개발해요. 특히 로봇공학기술자는 로봇의 설계, 구조, 제어, 지능, 운용 등에 기술을 연구하는 공학기술자예요.

Q 어떤 능력이 필요한가요?

A 논리수학지능, 문제해결 능력, 창의력과 분석력이 필요해요. 로봇공학과, 전기공학과, 전자공학과, 기계공학과, 컴퓨터공학과 등의 관련 학과에서 기본 지식을 배우면 좋아요.
모든 사물에 대한 호기심을 가지고 관찰하는 것을 즐기며, 조사나 연구 활동 등이 필요한 창조적인 활동을 통해 끈기와 인내가 필요해요. 다양한 문제 상황에 보다 창의적인 아이디어를 내어 문제를 해결할 수 있는 수리 능력도 필요하고 새로운 기능과 모습을 갖춘 로봇을 창조하기 위한 창의력도 필요해요.

Q 어떤 경험이 필요한가요?

A 초등학교에서는 로봇 관련 만화를 많이 볼수록 좋아요. 로봇 만들기 체험, 로봇경진대회 등에 참가하여 경험을 쌓는 것도 필요

해요.

다양한 로봇의 구조를 이해하고 조립해 보며 다양한 방법들로 재구조화하는 경험도 도움이 돼요. 로봇을 직접 제작하고 구상하는 창의적 메이커 교육도 좋아요. 로봇교육을 가르치는 마이스터고 등학교인 로봇고등학교에 진학하는 방법도 있어요.

Q 전망은 어떤가요?

A 산업현장에서 제품을 생산할 때 쓰이는 산업용 로봇이나 특수 목적에 쓰이는 의료용 로봇을 넘어서 우리 주변의 다양한 일을 대신 수행하는 서비스 로봇들도 생겨나고 있어서 계속 증가할 것으로 전망돼요. 교육뿐 아니라 환경 분야, 감시경계로봇, 전투로봇 등 국방·보안, 엔터테인먼트 분야로도 확대되고 있어요.

TIP | 로봇경진대회

생명정보학자

Q 어떤 일을 하나요?

A 생명공학자는 생명체로부터 유래한 유전자나 단백질 등을 연구하지만, 생명정보학자는 유전자에 담긴 정보를 분석해요. 생물정보학뿐 아니라 시스템생물학, 수학, 화학, 컴퓨터공학 등을 기반으로 유전자의 암호를 풀고, 데이터베이스를 구축하고 데이터의 패턴과 규칙을 찾고 분석하며 이용 방법을 연구하는 일을 해요. 최초의 생명정보공학자는 영국의 수학자이기도 한 앨런 튜링으로 수학과 컴퓨터를 이용하여 생명 현상도 계산할 수 있다고 생각했죠.

Q 어떤 능력이 필요한가요?

A 논리수학지능, 문제해결 능력, 분석력과 선택적 집중력이 필요해요. 생물학과, 생물공학과, 미생물학과, 유전공학과, 바이오생명정보과, 화학과, 물리학과, 생명정보학과, 바이오시스템학과 등 관련 학과에서 기본 지식을 익혀 관련 분야 석사 이상까지 배우면 도움이 돼요.
생물학, 화학, 물리학 등 자연과학 분야에 관심이 있으면 좋아요. 또한 컴퓨터를 활용하여 데이터를 구축하고 분석하는 일을 하므로 분석적 사고력과 기본적인 컴퓨터활용능력도 필요해요.

Q 어떤 경험이 필요한가요?

A 생명은 심오한 주제이기 때문에 생물학, 화학, 물리학에 대한 다양한 체험 활동이 필요해요. 생명 관련 과학관 등에서의 체험 활동을 하면 좋아요.

자연과학 관련 독서 및 독서토론 활동을 추천해요. 동물, 식물, 그리고 미생물 등 생성과 성장 및 소멸 같은 생명 현상에 대한 호기심을 가지고 관찰하는 것을 즐기며 문제에 대한 답을 구하기 위해 정보를 분석하거나 논리적으로 설명하는 연습이 필요해요. 정부출연연구기관에서 시행하는 현장연수 프로그램에 참여해 보면 도움이 될 거예요.

Q 전망은 어떤가요?

A 딥러닝을 포함한 인공지능 및 최신 정보기술을 이용하여 바이오 의료 분야의 문제를 해결하고, 다양한 유전 정보를 해독하여 유전체 수준에서 다양한 질병과의 연관성을 연구하고 수행하는 역할이 중요해질 것으로 전망돼요. 앞으로는 이런 임상 데이터 정보 기술을 이용하여 건강관리 데이터와 관련 정보의 생성과 사용까지 포괄적으로 적용된다고 해요. 또한 나라에서도 집중적인 투자와 지원이 이루어지고 있어 생명정보학자의 미래가 밝아 보여요. 앞으로 의학·약학·식량자원·환경 등 다양한 분야에서도 생명 정보 관련 연구가 강조될 것이라고 해요.

TIP │ 생명 관련 과학관

애니메이터

Q 어떤 일을 하나요?

A 애니메이션 작품의 기획에서부터 창작, 연출, 디자인, 채색, 촬영, 편집 등 제작의 전 분야의 일을 담당하는 전문가를 말해요. 창작을 위해서는 문장으로 이루어진 시나리오로부터 구체적인 그림과 기호를 사용한 콘티를 만들어내는 역할도 함께해요. 만화 속 캐릭터가 살아 움직일 수 있도록 애니메이팅 작업을 하는 전문가를 말해요.

Q 어떤 능력이 필요한가요?

A 시각공간지능, 창의력과 관찰력이 필요해요. 애니메이션학과, 만화애니메이션학과, 컴퓨터애니메이션학과 등 관련 학과에서 기본 지식을 배워야 해요.

입학 시 소묘 실기나 주어진 주제에 대한 만화창작 등 실기고사를 치르는 곳이 많아요. 그렇기 때문에 무엇보다 만화를 좋아하고 소질이 있으면 유리해요. 그림 실력은 기본이고 풍부한 상상력과 문장력도 요구돼요. 애니메이션은 연속되는 움직임을 그려야 하기에 평소 관찰력이 좋아야 하고 인내력, 독립성, 꼼꼼함, 선택적 집중력이 필요해요. 보는 눈을 키우는 것도 중요해요. 여러 영상이나 일상생활에서 움직이는 것들을 보며 애니메이션에 적용하는 세밀한 관찰력을 키우는 것을 추천해요.

Q 어떤 경험이 필요한가요?

A 영상 안에 움직이는 캐릭터, 원하는 느낌으로 물체의 액팅Acting
을 만들어 내기 위해서는 타이밍 감각을 키워야 하는데 자주 연
습하여 경험을 많이 쌓는 것이 중요해요.

기초적인 인체를 그리는 연습뿐 아니라 그림을 많이 그려보기를
추천해요. 애니메이터가 되려면 예술적 경험도 필요하고 컴퓨터
에도 능숙해야 해요. 종이에 2차원2D 그림을 컴퓨터 프로그램에
서 3차원3D 문자와 물체로 바꾸는 방법을 배워두면 좋아요. 애니
메이터가 되기 위해서는 애니메이션 고등학교, 전문대학 및 대학
교, 사설학원을 통해 애니메이션 제작과정에 대한 이론과 실기를
배울 수 있어요.

Q 전망은 어떤가요?

A AI를 활용한 물건은 앞으로도
많이 생산될 거예요. 산업 관련
자동화의 도전도 증가하겠지만
창조력은 결코 자동화될 수 없
다는 사실에 애니메이터 직업
은 계속될 것이라고 예측해요.
AI가 뛰어난 애니메이터의 기
술을 재현할 수는 있어도 새로

> **셀애니메이션**
> 주로 배경은 그대로 두고 캐릭터만 움
> 직이게 하는 애니메이션 기법임. 종
> 이에 그린 그림을 투명한 플라스틱(합
> 성수지)인 셀룰로이드에 그대로 옮긴
> 뒤 그 뒷면에 채색을 한 다음 배경 위
> 에 놓고 촬영하는 애니메이션 기법을
> 말함.
>
> 출처: 두산백과

운 것, 즉 본 적이 없는 물건과 본 적이 없는 환경에 대한 창조성,
감성은 만들어 낼 수 없기 때문이에요. 주로 셀애니메이션*, 컴퓨
터애니메이션 등 애니메이션 제작사로 진출하며 게임개발자로
도 활동해요.

식품융합엔지니어

Q 어떤 일을 하나요?

A 영양이 풍부하고 안전한 미래 식품을 연구하고 개발하며, 영양 성분을 검사하는 일을 하는 전문가예요. 다양한 생명과학기술과 식품과학기술 등의 융합을 통해 새로운 기능과 형태를 가진 식재료와 식품첨가물을 연구하고 영양이 풍부한 식재료를 개발하는 역할을 해요. 작물을 재배할 때 병충해에 잘 견뎌서 많은 생산량을 낼 수 있는 작물도 연구하고 개발해요.

Q 어떤 능력이 필요한가요?

A 자연친화지능, 논리수학지능, 의사소통 능력이 필요해요. 생물학과, 식품공학과, 식품영양학과, 유전학과 등 관련 학문을 전공하면 좋아요.
식품 분야와 생명과학, 수학에 대한 이해도와 관심과 흥미가 있으면 더욱 좋겠지요. 식재료와 관련된 일이기 때문에 세심한 관찰력과 책임감, 사명감, 엄격한 위생안전규정 준수가 무엇보다 필요해요. 그리고 다양한 사람들과 서로 의사소통할 수 있는 능력을 키우면 도움이 돼요.

Q 어떤 경험이 필요한가요?

A 식품 관련 박람회나 국제식품전시회 등에 참관하면 도움이 되겠지요. 식품 관련 학과가 있는 마이스터고등학교에 진학하여 배우

는 것도 추천해요.

식품 관련 동아리 활동, 식품 관련 회사나 연구소 탐방, 식품 관련 학과가 있는 대학 탐방 등을 하면서 꿈을 키워가면 좋아요.

Q 전망은 어떤가요?

A 지금까지는 식품 생산 위주로 연구를 했지만 최근에는 사회적으로 웰빙Well-being에 대한 관심이 높고 건강식품을 찾는 사람들도 많아지고 있어요. 나라마다 식품 안전에 대한 규정이 엄격해지면서 안전하고 생산성 높은 식품을 연구하려는 움직임과 관심이 점차 높아지면서 식품융합에 대한 연구와 개발에 참여하는 사람이 더 많이 필요할 것으로 전망돼요. 주로 식품제조회사, 건강식품 회사나 농식품 관련 회사, 대학, 정부 산하의 연구소 등에서 일할 수 있어요.

TIP │ 식품 관련 박람회, 국제식품전시회

식물심리학자

Q 어떤 일을 하나요?

A 식물을 관리하며 효율적으로 자랄 수 있는 환경을 만들고 죽거나
잘 자라지 못하는 원인을 분석해 건강하게 재배되도록 돕는 전문
가예요. 식물도 사람과 소통한다는 생각으로 심리학에 적용하여
연구하는 심리학자예요. 상담을 할 때도 식물을 키우며 식물과
대화하면서 안정적인 삶을 찾아가는 모습을 연구하는 역할을 해
요. '나무 통역사'로 불리는 미국의 식물심리학자 레슬리 카바가
는 나무들의 목소리야말로 그 어떤 수행자의 말보다 지혜롭고 어
떤 시보다 향기로우며 아름답다고 말해요. '식물의 아버지'라 불
리는 식물육종가 루터 버뱅크가 남긴 '일주일 안에 식물과 이야
기하는 법'에서도 식물의 이름을 지어 주고 이미지 훈련을 통해
식물과 일체화를 시도하며, 애정을 듬뿍 담아 칭찬하면 반드시
반응이 있다고 해요.

Q 어떤 능력이 필요한가요?

A 자연친화지능, 대인관계지능, 개인 내적지능이 필요해요. 식물생
리학과, 생물학과, 심리학과, 상담학과, 원예학과 등 관련 학문을
전공하면 좋아요.
숲을 좋아하고 식물 키우기에 흥미와 호기심이 있다면 훨씬 도움
이 돼요. 다양한 사람, 식물과의 소통 능력을 키우면 좋아요. 식
물을 키우면서 자세히 살펴보는 관찰력이 매우 중요해요.

Q 어떤 경험이 필요한가요?

A 식물원 방문, 화분이나 화단에 식물 키우기, 나무 심고 가꾸기, 텃밭에 식물 재배히기, 주말농장 등을 경험하면 좋아요. 숲생태학교를 방문하여 체험해 보기를 추천해요.

식물을 키우면서 다양한 실험을 해보세요. 식물에게 음악을 들려주었을 때 어떤 식물이 가장 잘 자라는지 혹은 잘 자라지 못하는지 관찰해 보세요. 미국의 식물심리학자 레슬리 카바가의 책《세상에서 가장 향기로운 목소리》(눈과 마음)를 읽어 보세요. 일본 면역전문가의 실험 이야기처럼 선인장 1만 개를 두 그룹으로 나눠 거짓말 탐지기에 연결하여 한 쪽은 사랑스럽고 좋은 말을, 다른 한 쪽은 욕과 협박조의 나쁜 말을 1년 간 계속했더니 긍정적인 말을 들은 쪽은 싱싱하게 자라서 꽃을 피운 반면 비방과 욕을 들은 쪽은 거의 꽃도 피우지 못한 채 시들어 죽어버렸다고 해요.

Q 전망은 어떤가요?

A 반려동물처럼 식물도 사람의 심리에 주는 영향이 있음을 연구하여 알려주는 역할은 앞으로도 더욱 깊은 연구가 필요해 보여요. 지금까지 심리학에 식물심리학의 영역은 없었지만 미래 산업이 발전할수록 필요할 것으로 전망돼요. 남태평양 솔로몬제도의 한 마을 사람들은 나무가 너무 커서 도끼로도 베기 어려울 때 모두 그 나무 곁으로 모여 나무를 올려다보며 일제히 고함을 지른대요. 한 달 동안 소리를 지르면 신기하게도 나무는 기력을 잃어 쓰러진다고 해요. 고함소리가 나무에게 스트레스를 주어 죽이기 때문이래요. 식물도 바흐의 아름다운 오르간 음악을 가장 좋아하고, 자동차 소음에 스트레스를 받는대요. 이러한 식물심리학자에 도전해 보세요.

양자컴퓨터전문가

Q 어떤 일을 하나요?

A 양자중첩superstition 현상과 양자얽힘entanglement 현상을 이용하여
최고 슈퍼컴퓨터의 계산 속도보다 1억 배 더 빠른 양자컴퓨터를
다양한 방법으로 연구하고 개발하는 전문가예요. 양자컴퓨터는
양자역학의 원리를 정보처리에 직접 사용하는 미래형 최첨단 컴
퓨터예요. 그래서 '꿈의 컴퓨터', '스스로 생각하는 컴퓨터'라는 별
명을 가졌어요. 양자컴퓨터전문가는 이러한 양자컴퓨터를 개발
하여 그동안 풀리지 않았던 것들을 연구하는 일을 해요.

Q 어떤 능력이 필요한가요?

A 논리수학지능, 분석력과 창의력이 필요해요. 물리학과, 전자공학
과, 전기공학과, 컴퓨터공학과, 원자력공학과, 통신공학과 등 관
련 학문을 전공하면 좋아요.
새로운 분야이기에 창의적 사고와 문제해결을 위한 분석적 사고
력이 필요해요. 정밀한 기계를 다루기 위한 섬세함과 꼼꼼함이
요구돼요.

Q 어떤 경험이 필요한가요?

A 국립과천과학관을 비롯해 과학관에 가면 양자역학에 대한 전시
물을 체험할 수 있어요.
양자물리학에 관심을 가지고, 양자컴퓨터와 이에 대한 수학적 원

리를 이해할 수 있는 책들을 읽어보세요. 아직은 생소한 분야이기에 독서를 통한 기초 지식 습득을 하면 흥미와 관심을 가질 수 있는 좋은 기회가 될 거예요.

Q 전망은 어떤가요?

A 기존 컴퓨터가 정보를 0과 1의 비트bit 단위로 처리하고 저장하는 반면 양자컴퓨터는 0과 1의 상태를 동시에 공존시킬 수 있는 큐비트Qubit 단위로 처리하고 저장해요. 큐비트는 양자컴퓨터로 계산할 때의 기본 단위를 양자비트quantum bit라고도 해요. 양자컴퓨터 개발에 구글, 마이크로소프트, 삼성전자 등이 적극적으로 참여하고 있어요. 세계 양자컴퓨터 시장은 2023년 28억 2,200만 달러 규모까지 크게 성장할 것으로 전망하고 있어요. 양자컴퓨터는 금융, 암치료 약물 발견 등의 의료, 이미지 인식 고속 기계 학습에 필요한 IT, 제약, 도시 교통 최적화를 위한 자동차, 항공우주 등의 분야에도 활용될 것으로 보여요. 미국이나 영국, 일본, 중국도 정부 주도로 국가 양자기술프로그램 개발에 힘쓰고 있어요.

TIP │ 국립과천과학관

군사로봇전문가

Q 어떤 일을 하나요?

A 로봇은 재난지역에서 사람을 돕는 로봇으로 활용되고 있지만 군대의 경우 병사를 대신하여 감시 정찰, 전투, 테러 등 위험한 곳에서도 활용될 수 있어요. 군사로봇전문가는 군대에서 필요한 역할을 수행하게 될 특수한 군사용 로봇을 기획하고 설계, 운용하는 군사 분야 전문가라고 할 수 있어요.

Q 어떤 능력이 필요한가요?

A 논리수학지능, 분석력과 정확한 판단력이 필요해요. 컴퓨터공학과, 기계공학과, 로봇공학과, 제어계측학과 등의 관련 학문을 전공하면 좋아요.
엔지니어들과 함께 일하는 경우가 많기 때문에 의사소통 능력도 필요해요. 군대와 관련된 직업이다 보니 강한 국가관과 애국심이 필요해요. 로봇 분야이기 때문에 창의적인 문제해결 능력이 필요하며, 또한 군사용 로봇은 나라를 지키는 부분과 아울러 사람을 다치게도 할 수 있기 때문에 윤리적인 의식도 매우 중요해요.

Q 어떤 경험이 필요한가요?

A 인공지능AI, 가상VR과 증강현실AR, 홀로그램 등 최신 로봇과학기술을 체험하고 로봇을 연구하는 로봇전문과학관, 로봇체험관, 로봇랜드, 과천국립과학관, 한국로봇융합연구원 등을 추천해요.

학생들 스스로 사고하며 오감을 사용해 느끼고 생각으로 연결할 수 있는 체험 교육장이 있는 전시관도 찾아가면 도움이 돼요. 또한 나가오는 미래의 로봇을 만나고 로봇에 대한 꿈과 희망을 키워 주는 ICT로봇체험관 경험은 꼭 필요하겠지요.

Q   전망은 어떤가요?

A   각 국가에서는 2030년까지 로봇 병사를 군대에 투입해 병력 부족 문제를 해결할 가능성이 있다고 해요. 세계적으로 군대에서 자율주행차나 드론을 많이 이용하지만 더 나아가 로봇병 개발이 추진되고 있기에 군사로봇전문가의 전망은 매우 밝다고 볼 수 있어요. 지금은 사람이 조작을 해야만 움직일 수 있지만 기술이 더 발전되면 스스로 움직이는 자율주행 군사로봇, 지상로봇, 비행로봇, 수중로봇의 개발까지 진행될 것으로 예측해요. 우리나라도 군사로봇전문가를 향후 집중적으로 육성하고 채용한다고 해요.

TIP   로봇전문과학관, 로봇체험관, 로봇랜드, 과천국립과학관
한국로봇융합연구원, ICT로봇체험관

종복원전문가

Q 어떤 일을 하나요?

A 인류는 멸종위기 동물의 보호와 환경오염을 줄이기 위한 노력이
필요해요. 그렇지 않으면 앞으로 수백 년 안에 지구에 살고 있는
많은 생명체가 멸종할 것이라고 경고했어요. 종복원전문가는 이
러한 멸종위기에 놓인 동물과 식물이 사는 곳을 보호하고 관리하
는 일을 해요. 멸종위기에 놓여 있는 동물과 식물들에 관한 자연
증식, 유전자 복제, 그리고 위기 종에 대한 조사 및 연구를 하는
전문가예요. 우리나라에는 생물종보전원이라는 곳이 있는데 지
리산 반달가슴곰, 소백산 여우, 덕유산 멸종위기 식물, 설악산 산
양 등 서식지 관리 및 보전 업무와 함께 위치추적, 포획, 유전자
원 관리, 증식, 야생동물 구조, 해설 등 다양한 업무를 수행하고
있다고 해요.

Q 어떤 능력이 필요한가요?

A 자연친화지능, 논리수학지능, 분석력이 필요해요. 생물학과, 환
경공학과, 산림자원학과, 조경학과, 수의학과, 축산학과, 동물자
원학과 등 관련 학문을 전공하면 좋아요.
생물들에 대한 관리 기술, 애정과 관심이 필요하겠지요. 어릴 때
부터 동물보호, 식물 기르기 등을 통해 생물의 특성에 대한 지식
등을 쌓고, 자연에 대한 친화력을 키워 나가면 좋겠지요.

Q 어떤 경험이 필요한가요?

A 국립생태원 멸종위기종복원센터는 우리나라에서 사라졌거나 멸종위기에 처한 야생생물을 복원하고 보전하기 위해 2018년 10월 경상북도 영양군에 설립한 전문 연구기관이 있고, 국립공원공단의 국립공원생물종보전원도 있는데 이러한 곳을 탐방해 보는 것도 도움이 돼요.

이 외에도 보전 기관들이 있는데 서울대공원, (재)한택식물원, 여미지식물원, (재)천리포수목원, 한국자생식물원, 평강식물원, 함평자연생태공원, 한국도로공사수목원, 국립낙동강생물자원관 등에서의 체험도 해보면 좋겠지요.

Q 전망은 어떤가요?

A 우리나라뿐 아니라 세계 각국에서 멸종위기동물과 식물을 보존하고 지키기 위해 노력하고 있어요. 우리나라 국립생태원 멸종위기종복원센터는 우리나라의 멸종위기 야생생물의 지킴이로서 생물의 다양성을 확보하고 건강한 생태계를 회복하기 위해 많은 노력을 하고 있어요. 인간의 무분별한 개발과 환경 파괴로 인해 멸종위기에 놓인 야생생물의 서식지를 보호하고 관리하기 위해 앞으로도 멸종위기 야생생물 복원에 필요한 기술 연구와 개발, 국제적 보전 네트워크 활성화, 사회적 참여와 관심 유도 등의 인력이 필요하므로 미래 전망은 긍정적이라고 예상돼요.

TIP
국립생태원 멸종위기종복원센터, 국립공원생물종보전원, 서울대공원
(재)한택식물원, 여미지식물원, (재)천리포수목원, 한국자생식물원
평강식물원, 함평자연생태공원, 한국도로공사수목원, 국립낙동강생물자원관

배 양육전문가

Q 어떤 일을 하나요?

A '실험실 고기'라고 불리는 배양육은 사육, 도축 과정을 거치지 않고 동물의 근육조직에서 채취한 줄기세포를 실험실에서 곧바로 고기가 되도록 키운 동물의 살코기를 말해요. 동물의 세포만으로도 많은 양의 고기를 생산할 수 있어 식량난 해소, 온실가스 배출 문제, 환경오염 등에도 도움을 줄 거예요. 이러한 배양육을 연구하고 개발하는 일을 해요.

Q 어떤 능력이 필요한가요?

A 자연친화지능, 논리수학지능, 통계적 분석력이 필요해요. 생물학과, 유전공학과, 생명공학과, 식품공학과 등의 관련 학문을 전공하면 좋아요.
꼼꼼한 성격에 과학적 사고력으로 관찰하는 자세와 인내심을 가지고 실험하고 연구하는 자세가 필요해요.

Q 어떤 경험이 필요한가요?

A 푸드박람회, 미래식품산업박람회, 미래농업전시관 등 참관과 미래 식량에 대한 체험 및 미래 식량 만들기 캠프 등을 추천해요. 그리고 국립과천과학관 견학을 통해 미래 식량에 대한 관심을 이끌어내는 것도 필요해요.

Q 전망은 어떤가요?

A 세계적인 다국적 축산기업, 정부 등에서 연구 프로젝트가 진행되고 있어 선망은 밝은 편이에요. 축산업의 항생제 오남용이나 바이러스, 박테리아 감염 위험에서도 벗어나 있어 친환경적, 친건강 미래 식품으로 주목받을 수 있는 배양육전문가에 도전해 보세요. 한국무역협회 국제무역통상연구원은 2030년까지 전 세계 육류 시장의 30퍼센트를, 2040년까지 전 세계 육류 시장의 60퍼센트를 대체육이 차지하며 그중 35퍼센트는 배양육일 것으로 전망하고 있어요.

TIP 푸드박람회, 미래식품산입박람회, 미래농업전시관, 국립과천과학관

3D질감전문가

Q 어떤 일을 하나요?

A 3D 영상을 손으로 느낄 수 있도록 컴퓨터 그래픽 모델에 질감 표현 기술을 개발하는 일을 해요[4]. 2D로 스케치한 것에 3D컴퓨터 그래픽을 이용하여 배경, 캐릭터, 제품 등의 형상을 3D모델로 구현한 후 모델링 작업을 통해 3D 모형으로 변환해요. 그리고 그림자, 색상 농도의 변화 같은 3D 질감을 넣어 컴퓨터그래픽에 사실감을 추가하는 작업을 해요. 또한 질감은 촉감에 집중하기 때문에 인간의 감각에 대한 연구와 함께 컴퓨터그래픽에 적용할 수 있는 방법도 개발하는 일을 해요.

Q 어떤 능력이 필요한가요?

A 시각공간지능, 자연친화지능, 창의력이 필요해요. 시각디자인학과, 시각정보디자인학과, 광고디자인학과, 컴퓨터디자인학과 등의 관련 학문을 전공하면 좋아요. 컴퓨터그래픽, 프로그래밍, 디자인 등 여러 가지 컴퓨터 분야에 대한 기본적인 이론과 기술을 습득해 두면 유리해요.

의료, 건축, 게임 등 다양한 분야에서 요구하는 기본적인 디자인 역량을 갖추면 도움이 돼요. 색깔, 선, 모양, 그림, 공간, 그리고

---

4) 본 저작물은 '미래를 여는 새로운 직업' 서울산업진흥원 신직업인재센터 발간을 참조한 것임.

그 사이에 존재하는 관계와 같은 요소를 관리하는 능력이 필요해요. 가상 환경에서 입체물을 만들어 내는 컴퓨터그래픽 기술은 물체에 새로운 감각을 심는 데 필요하기 때문에 이미지를 생각하고, 시각화하며, 디자인하고 그리는 능력이 있으면 더욱 좋아요.

Q 어떤 경험이 필요한가요?

A 디자인박물관, 디자인전문미술관, 3D과학체험관 등에서 참관이 필요해요. 색채 감각과 미적감각을 갖추고, 변화하는 정보기술과 디자인 흐름을 알 수 있는 경험을 하면 좋아요.
다양한 3D디자인 관련 독서도 많이 하고 3D디자인 전문학원에서 배우는 것도 도움이 돼요.

Q 전망은 어떤가요?

A 3D질감전문가는 모델링, 영화, 다큐멘터리, 모션그래픽, 게임 애니메이션, TV 광고, SNS 홍보, 유튜브 등에서 캐릭터나 배경 등의 퀄리티를 높이는 일을 하기 때문에 다양한 곳으로 진출할 수 있을 것으로 전망돼요. 또한 3D프린팅 기술이 발전하면서 3D프린터의 활용도도 함께 높아지고 있어서 3D질감전문가는 더욱 증가할 것으로 예상돼요.

TIP | 디자인박불관, 디자인진문미술관, 3D과학체험관

3D프린터소재전문가

Q 어떤 일을 하나요?

A 3D프린터는 잉크 대신 플라스틱이나 금속가루, 티타늄, 목재 등의 다양한 소재를 여러 겹으로 쌓아 입체적인 물체를 만드는 것을 말해요. 다양한 산업에 사용될 소재가 되는 재료, 소재, 품질 등을 조사·분석하여 제품의 완성도를 높여 원하는 제품을 만들수 있도록 지원하는 일을 하는 전문가예요.

Q 어떤 능력이 필요한가요?

A 논리수학지능, 시각공간지능, 분석력이 필요해요. 화학공학과, 신소재공학과 등 관련 학문을 전공하여 3D프린터에 사용되는 물질과 소재에 대한 기본적인 지식을 갖추면 좋아요.
3D프린터에 대한 기초적인 지식이 필요하고, 다양한 산업에 활용될 수 있는 소재에 관한 새로운 정보에 관심이 있으면 도움이돼요. 전공자가 아니어도 3D프린팅 산업에 필요한 교육과정을 이수한다면 충분히 도전해 볼 수 있어요. 기초적인 디자인 능력을 갖추면 도움이 돼요. 다양한 산업 분야와 융합하는 창조적인 능력이 필요해요.

Q 어떤 경험이 필요한가요?

A 국립과천과학관, 국립대구과학관 등에서 3D프린터 체험프로그램에 참여해 보길 권장해요.

그 외에도 3D프린터박람회, 3D과학체험관, 미래과학체험전, G 벨리4차산업체험센터 등에서 체험을 통해 3D프린터 분야의 흥미를 갖는 것이 필요해요. 최근에는 3D프린터 관련 책도 많이 나와 있으니 독서를 하고 토론하는 동아리도 만들어 참여하면 도움이 클 거예요.

Q 전망은 어떤가요?

A 3D프린팅 산업이 성숙해짐에 따라 3D프린터 장비 및 솔루션 개발자, 부품설계전문가, 3D프린터소재개발자, 3D프린터질감관리자, 3D모델러, 3D프린터운영관리자, 3D프린팅컨설턴트, 3D프린팅전문강사 등 신규 인력의 수요가 커지고 있어요. 3D프린터의 종류와 출력에 쓰이는 소재(원재료)는 다양해요. 새로운 3D프린터 장비 및 솔루션이 나올 때마다, 산업별 새로운 제품(제작물)이 기획될 때마다 3D프린팅소재개발자의 역할이 중요해져요. 기업이나 일반인이 출력하기 원하는 제작물에 따라 어떤 3D프린터와 소재를 이용할지 결정하고 자문하는 3D프린터소재전문가의 미래 진로는 매우 긍정적으로 보여요.

TIP 국립과천과학관, 국립대구과학관, 3D프린터박람회, 3D과학체험관
미래과학체험전, G벨리4차산업체험센터

정밀농업기사

Q 어떤 일을 하나요?

A 농업 성장을 돕는 든든한 전문가로 농사에 필요한 농작물의 발육 상태나 토양조건에 적합한 데이터를 분석하여 체계적이고 효과적인 농업을 관리함으로써 품질이 좋은 농산물을 생산하여 농업 생산성과 소득을 증대시킬 수 있도록 돕는 역할을 해요. 또한 토양 상태, 기후변화, 작물 상태, 해충 관찰, 생산량 지도, 물 공급 등에 관한 데이터를 비교 분석하여 정밀농업기술을 농사에 적용하는 일도 하면서 다양한 산업 분야에서 정밀농업 관련 컨설턴트로도 활동해요.

Q 어떤 능력이 필요한가요?

A 자연친화지능, 논리수학지능, 분석력이 필요해요. 농업생물학과, 농화학과, 농업기계공학과, 바이오시스템공학과, 전기전자공학과 등의 관련 학문을 전공하면 좋아요.
농업기술과 관련된 자격증을 보유하면 도움이 돼요. 무엇보다도 지속가능한 농업과 기후환경 변화에 지속적인 관심과 애정을 가진 사람이 도전하면 좋아요. 다양한 기관, 농업인들과 잘 소통할 수 있는 친화력과 의사소통 능력, 대인관계를 원만히 할 수 있는 능력이 필요해요.

Q 어떤 경험이 필요한가요?

A 국제농업박람회, 도시농업박람회, 농어촌알리미를 찾아 다양한 농촌 체험프로그램에 참여해 보세요.

농업 문화에 대한 지식과 농사 경험이 많을수록 유리해요. 각 지역에 있는 농업기술센터에서도 농사를 체험해 볼 수 있는 프로그램 등을 진행하고 있으니 경험해 보면 도움이 될 거예요.

Q 전망은 어떤가요?

A 미국이나 유럽에서는 정보통신기술ICT을 활용하여 정밀농업 인증이 실시되고 있을 정도로 대세인 기술이에요. 농업에서도 지속 가능한 생산을 보장하는 농업의 필요성이 있기에 정밀농업기사 역시 미래직업 중 하나로 보고 있어요. 우리나라 정부에서도 국가연구개발사업을 확대하고 교육과정 및 자격제도 도입을 통해 정밀농업 관련 전문가를 육성하려 하기에 더 많은 인력이 필요할 것 같아요. 현재는 각 지역의 농업기술센터나 농촌진흥청, 민간 농업관련 회사 기술연구소 등에서 기술직이나 연구직으로 진출할 수 있어요.

TIP 국세농업빅림회, 도시농업박람회, 농업기술센터

사이버물리시스템CPS보안전문가

Q 어떤 일을 하나요?

A 우리가 살아가는 물리 세계와 사이버 세계와의 융합을 추구하며 가상과 실제를 넘나드는 것이 사이버물리시스템보안전문가예요. 정보기술IT의 발전과 함께 등장한 사이버물리시스템CPS, Cyber Physical System은 다수의 센서, 작동장치, 제어기기들이 네트워크로 연결되어 복합 시스템을 구성해요. 이러한 CPS를 응용하여 물리 세계 정보를 습득, 가공, 계산, 분석하여 스마트 공장, 국방, 항공, 의료 등 다양한 산업에서의 내부 정보 유출 방지와 보안툴을 개발하는 역할을 해요.

Q 어떤 능력이 필요한가요?

A 논리수학지능, 문제해결 능력, 통합적 사고력이 필요해요. 컴퓨터공학과, 해킹보안학과, 정보보호학과 등의 관련 학문뿐 아니라 정보기술을 기초로 한 융합 분야이기 때문에 융합적 사고를 바탕으로 기술 중심의 사고와 보안경영, 보안법제도, 보안범죄심리 등의 다양한 분야의 산업에 대한 지식을 쌓아두면 좋아요.
어디서든지 발생할 수 있는 위험 요소를 감지할 수 있는 상황 분석력을 바탕으로 민첩한 대응을 수행할 수 있는 능력이 필요하고 비즈니스 보안 분야에 관심이 있고 올바른 직업 윤리관이 있으면 좋아요.

Q 어떤 경험이 필요한가요?

A 정보기술에 대한 경험을 갖기 위해 사이버 보안 관련 체험관, 박람회 등을 참관해 보세요. 그리고 컴퓨터 운영체제 및 시스템별 활용되는 기초 지식을 쌓는 독서토론도 하면 좋아요.
사이버 보안은 기술 변화가 빠르기 때문에 도서관 등을 이용하여 정보 변화를 인식하는 연습도 필요해요. 보안 관련 분야이기 때문에 윤리 의식을 위해 꾸준히 노력하는 것이 중요해요.

Q 전망은 어떤가요?

A 4차 산업혁명과 함께 세계 주요 국가와 주요 기업들의 참여로 사이버물리시스템CPS 시장은 매우 빠른 성장이 예상돼요. 사이버물리시스템이 다양한 분야에 적용되어 안정성, 효율성, 신뢰성, 보안성에 혁신적인 변화를 가져와 새로운 부가가치를 창출하는 역할을 하기 때문에 전망이 매우 밝아 보여요. 핵심적인 응용 분야로 스마트 팩토리, 스마트 교통 시스템, 스마트 그리드, 스마트 헬스케어 시스템, 스마트 홈·빌딩 시스템, 스마트 국방 시스템, 스마트 재해 대응 시스템에 활용될 것으로 예상돼요. 따라서 다양한 산업에 비즈니스 기회가 많아지고 보호 대상이 증가함에 따라 사이버물리시스템보안전문가의 역할이 더욱 커질 것으로 전망돼요.

TIP 사이버 보안 관련 체험관, 박람회

사이버보안관리사

Q 어떤 일을 하나요?

A 사이버상에서 발생하는 정보시스템과 네트워크 보안 위협, 침해 사고에 사전에 대응하기 위한 예방책도 세우고, 해커의 침입과 각종 바이러스 등 악성코드에 대비하는 역할도 해요. 해킹당한 서버를 복구하고 정보보안 시스템을 구축하고, 기관 및 개인정보 유출 등 각종 피해 시 원인을 분석하고 규명하여 그 해결책을 제시해 주는 일도 해요. 개인정보 유출 관련 가해자 탐색 및 사이버 보안 관련 가해자 검색 및 재발 방지 대안 마련도 해요.

Q 어떤 능력이 필요한가요?

A 논리수학지능, 문제해결 능력, 분석력이 필요해요. 컴퓨터공학과, 해킹보안학과, 정보관리보안학과 등의 관련 전공을 하는 것이 취업에 더 유리해요.
컴퓨터에 대한 전문적인 지식과 네트워크와 관련된 전문적인 지식, 각종 보안 솔루션에 대한 전반적인 이해가 필요해요. 사이버 보안 관리에 대한 능력도 필요하지만 무엇보다도 높은 윤리성이 요구돼요.

Q 어떤 경험이 필요한가요?

A 다양한 컴퓨터와 네트워크, 보안 관련 시스템에 대한 학습 경험이 필요해요. 사이버보안전시회, 코딩 관련 프로그램체험, 사이

버 보안 동아리 활동 등도 도움이 돼요.

대학이나 보안전문기관에서 개최하는 해킹방어대회, 사이버공격방어대회 등에 참여하여 경험을 쌓는 것도 좋아요.

Q 전망은 어떤가요?

A 최근에는 사이버 상에서 악성 바이러스를 퍼뜨리고 공격하는 일이 많아지고 있어요. 보안문제를 신경 쓰지 않으면 조직의 중요한 정보가 유출되거나 변조되고, 시스템 중단으로 인해 업무에 큰 차질이 발생하거나 기업의 생존이 걸린 문제가 발생하기도 해요. 사전에 불법적 접근을 감지하고 차단하는 역할도 하면서 개인을 넘어 경제적 피해와 혼란을 막을 수 있는 사이버 보안 관리가 필요한 곳이 많아요.

TIP 사이버보안전시회, 코딩 관련 프로그램체험, 해킹방어대회
사이버공격방어대회

악성코드분석전문가

Q 어떤 일을 하나요?

A 컴퓨터를 사용하다 보면 프로그램이 자동으로 설치되어 사용자
의 정보를 빼내가고, 마음대로 광고를 봐야 하고, 컴퓨터가 갑자
기 느려지는 경우도 생기는데, 대부분은 사용자도 모르는 사이에
악성 프로그램이 설치되어서 그렇다고 해요. 악성코드는 바이러
스, 웜바이러스, 트로이목마로 분류하는데 악성코드의 대표격인
바이러스는 프로그램, 실행 가능한 데이터에 변형된 자신을 복사
하는 명령어들의 조합을 말해요. 악성코드분석전문가는 이러한
악성코드 프로그램을 쫓아내는 IT계의 방역자예요. 정상적인 컴
퓨터 사용을 방해하는 악성 프로그램을 분석하여 치료 방법을 연
구하고, 예방을 위한 백신을 개발하는 일을 해요.

Q 어떤 능력이 필요한가요?

A 논리수학지능, 문제해결 능력, 분석력이 필요해요. 해킹보안학
과, 정보관리보안학과 등 관련 전공을 하는 것이 유리해요. 기술
력과 실전 능력이 더 중요하기 때문에 컴퓨터에 대한 전문적인
지식과 해킹 관련 전문 교육을 받으면 좋아요.
특히 코드에는 여러 프로그래밍 언어들이 혼합된 경우가 많기 때
문에 프로그래밍 언어에 대한 지식은 필수예요. 사이버는 국경
이 없기 때문에 외국어 실력도 갖춰야 해요. 어려운 공부를 해야
하기 때문에 집중력과 끈기가 있어야 하고 정보를 다루고 지키는

사람이기 때문에 윤리의식도 중요해요. 사이버 보안에 영향을 끼치는 많은 데이터들을 수집·분석하고 추적하는 능력과 분석력도 갖추어야 해요.

Q 어떤 경험이 필요한가요?

A 사이버보안관리사처럼 해킹 전문교육 수료가 필요하고, 다양한 컴퓨터와 네트워크, 보안 관련 시스템에 대한 학습 경험이 필요해요.

최신 보안 관련 뉴스에 관심을 갖는 것, 사이버보안전시회, 코딩 관련 프로그램 체험, 사이버 보안 동아리 활동도 도움이 돼요. 대학이나 보안전문 기관에서 개최하는 해킹방어대회, 사이버공격방어대회, 정보보호데이터첼린지대회, AI기반 악성코드탐지대회 등에 참여하여 경험을 쌓는 것도 좋아요.

Q 전망은 어떤가요?

A 4차 산업혁명 시대를 맞아 정보 보안이 갈수록 중요해지면서 악성코드 공격이 늘어나고 있어요. 악성코드로부터 시장과 산업을 보호하는 악성코드분석전문가의 중요성은 계속될 것이라는 예측과 함께 미래 유망 직업 중 가장 전망이 밝을 것으로 예상되고 있어요.

TIP 해킹방어대회, 사이버공격방어대회, 정보보호데이터첼리지대회
악성코드탐지대회

사이버포렌식전문가

Q 어떤 일을 하나요?

A 법률에서 규정한 수집 절차와 형식에 따라 범죄 수사에 단서가
될 만한 PC나 노트북, 휴대폰 등 각종 저장매체나 인터넷상에 남
아 있는 디지털 정보를 수집, 확보, 복원하여 분석하고 해독하여
보고서를 작성해 사법기관에 제공하는 일을 하는 전문가예요. 원
본 자료가 훼손되지 않도록 보호하고 유지하여 법정에서 증거가
될 수 있도록 관리하는 역할도 해요.

대검찰청에 있는 디지털포렌식센터는 사이버 수사과에서 얻은
증거물 중에서 훼손되거나 삭제된 증거물들을 되살려 법정에서
증거로써 효력을 발휘할 수 있도록 하는 곳이에요. 전자적 증거
분석 관련하여 기획, 지도, 조정 역할을 하고, 전자적 증거분석
및 지원, 전자적 증거분석 기법 연구 및 개발, 디지털 증거분석
등을 하고 있어요.

Q 어떤 능력이 필요한가요?

A 논리수학지능, 언어지능, 분석력이 필요해요. 법학과, 컴퓨터공
학과, 해킹보안학과, 정보보호학과, 경찰행정학과 등 관련 학문
뿐 아니라 인문학을 포함하여 다양한 학문이 융합된 분야에 대한
지식을 쌓아두면 좋아요.

타인의 감정을 잘 이해할 수 있어야 하고, 책임감과 사명감, 봉사
의식을 가지고 다양한 지식을 논리적으로 표현할 수 있는 능력이

필요해요. 여러 가지 데이터 분석을 통해 자료가 증거로써 효력이 있음을 입증하기 위해서 논리적인 글쓰기 능력, 스피치 능력, 변론 능력 등을 키워야 해요.

Q 어떤 경험이 필요한가요?

A 국립과학수사연구원의 과학수사CSI 체험교실에 참여하여 잉크의 크로마토그램 나타내기, 형광분말을 이용한 지문 현출, 루미놀을 이용한 혈흔 찾기, 진폐와 위폐의 구분, 거짓말 탐지 체험, 성문 분석 체험 등의 경험을 추천해요. 대검찰청 검찰수사체험프로그램에 참여하여 디지털포렌식*·국제공조수사 등 다양한 수사 방법을 살펴보고, 문서감정·DNA감정·지문채취 등 과학수사를 직접 체험해 볼 수 있어요. 관련 자격증이나 교육 프로그램을 이수하면 도움이 돼요. 관련 자격증으로는 법률보안전문가, 사이버정보보안기술가, 해킹보안전문가 등이 있어요. 또 한국포렌식학회와 한국인터넷진흥원에서 주관하는 디지털포렌식전문가 자격을 취득하거나 한국인터넷진흥원 아카데미에서 운영하는 디지털포렌식 관련 각종 교육 프로그램을 이수하는 과정도 있어요. 유튜브 채널을 통해 제공하는 대검찰청 디지털포렌식 수사센터 홍보 영상 등을 보면서 디지털포렌식전문가에 대한 직업을 이해하고 범죄 예방 및 대응 방법에 대한 체험을 해보세요.

> **디지털포렌식**Digital Forensic Science
> 디지털 법과학자라고 함. 컴퓨터 범죄와 관련하여 컴퓨터나 스마트폰 같은 디지털 장치에서 발견되는 데이터를 수집·복구하고 조사하여 범죄의 단서와 증거를 찾아내는 법과학의 한 분야임. 포렌식Forensic의 법의학으로, 범죄에 관한 과학수사라는 의미로 많이 사용됨.

Q 전망은 어떤가요?

A 사이버범죄로 국가 및 공공기관과 민간기업은 물론 개인의 권리
까지 침해당하는 가운데 범죄의 빈도나 피해 규모에 비해 대응할
전문 인력은 부족한 상황이에요. 단순히 범죄뿐 아니라 기업의
정보 보안도 디지털포렌식 기술이 중요하기 때문에 점점 그 수요
가 많아지고 민간 업체를 비롯해 점차 다양한 기업에서도 디지털
포렌식과 관련한 수요가 확대될 전망이에요.

학부모 TIP

첨단기술 분야의 미래직업에는 3D모델러, 나노공학기술자,
로봇공학기술자, 생명정보학자, 애니메이터, 식품융합엔지니
어, 식물심리학자, 양자컴퓨터전문가, 군사로봇전문가, 종복
원전문가, 배양육전문가, 3D질감전문가, 3D프린터소재전문
가, 정밀농업기사, 사이버물리시스템보안전문가, 사이버보안
관리사, 악성코드분석전문가, 사이버포렌식전문가 등이 있습
니다. 분야별 첨단기술은 시작 단계지만 미래의 첨단기술은 나
노기술을 활용한 화장품, 의약품, 다양한 유전 정보를 활용한
의학·약학·식량자원·환경 등의 문제해결, 로봇기술의 발달로
로봇병사들이 군대에 투입해 병력의 부족 해결, 멸종위기 야생
생물 복원에 필요한 기술 연구와 개발 등이 대표적입니다.
친환경 미래 식품으로 주목받을 수 있는 배양육연구와 개발,
3D프린터 산업별 원재료인 소재 개발, 정보통신기술을 활용한
정밀농업기술, 사이버 상의 활동에 따라 발생하는 보안 문제를
해결해주는 사이버물리시스템보안기술과 해킹을 차단, 악성
코드를 분석 등 사이버보안기술도 빼놓을 수 없습니다.

6. 융합·ICT·유비쿼터스

게임기획자

Q 어떤 일을 하나요?

A 게임기획자의 일은 많은 아이디어를 내놓는 것뿐 아니라, 좋은 아이디어를 골라내는 것이에요. 게임과 관련된 시장조사, 시스템 디자인, 콘텐츠디자인, 시나리오 작성, 캐릭터, 스토리, 제작 설명서 등을 기획하고 총괄적으로 감독하는 일을 해요. 컴퓨터게임의 아이템과 스토리, 캐릭터 등을 구성 및 기획하고 제작 과정을 관리해요. 게임의 기획의도를 그래픽디자이너, 프로그래머, 뮤직 아티스트 등에게 잘 전달하는 일도 하죠.

Q 어떤 능력이 필요한가요?

A 시각공간지능, 대인관계지능, 기획력과 창의력이 필요해요. 컴퓨터공학과, 게임공학과, 산업디자인학과 등 관련 전공을 하는 것이 유리해요.

기획자는 여러 부서와 의논하는 경우가 많기 때문에 대인관계 능력이 중요해요. 게임의 스토리를 기획하기 위해 다양한 역사적·예술적 지식이 필요하며 새로운 아이디어를 창출할 수 있는 창의력이 필요해요. 게임기획자는 새로운 방법을 생각하고 기존의 방법을 개선하기 위한 도구와 기술을 분석할 수 있는 능력이 있으면 좋아요. 국가기술자격증인 게임기획전문가 자격증도 취득하면 도움이 돼요.

Q 어떤 경험이 필요한가요?

A 게임만 하는 것보다는 다양한 게임에 대한 생각을 해보고, 이러한 생각을 문서로 표현해 보고, 자신만의 포트폴리오도 만들어 보는 경험을 쌓는 것이 중요해요.

필요에 따라 게임 회사 방문 기회를 가져보는 것도 게임에 대한 다양한 활동에 도움이 돼요. 여러 장르의 게임을 해보면 보다 세밀한 발상이 가능하게 되고, 특히 다양한 경험과 감정을 위해 다양한 책을 읽으면 세부 표현력 및 설정을 하는 데 도움이 돼요. 게임기획자가 되고 싶다면 가장 먼저 아마추어 게임 제작을 경험해 보는 것도 권해요. 좋아하는 게임을 개발한 개발자들의 블로그, 페이스북, 인스타그램 등 SNS를 보는 것과 토론에 참여하는 방법도 좋은 경험이 돼요.

Q 전망은 어떤가요?

A 한국 게임 산업은 글로벌 게임 산업 시장 규모 순위에서 중국, 미국, 일본에 이어 네 번째를 차지할 정도로 강해요. 게임에는 PC게임, 온라인게임, 모바일게임 등이 있는데 최근에는 스마트폰을 이용한 모바일게임이 활성화되면서 모바일게임 개발기획자에 대한 수요는 다소 증가할 것으로 전망돼요. 게임을 만든다는 것은 창의적인 활동이기 때문에 기계가 이 부분까지 대체할 수는 없겠죠. 이런 점에서 게임기획자의 미래는 밝다고 전망해요.

디지털고고학자

Q 어떤 일을 하나요?

A 인간이 남긴 유적과 유물을 조사해 과거의 생활 모습과 역사와 문화를 연구하는 학문을 고고학이라고 해요. 이 고고학에 위성 레이더, 인공위성이나 비행기에 달린 원격 레이더 관측 장비 등 우주과학을 접목한 것이 디지털 고고학이에요. 디지털고고학자 는 디지털 장비를 이용한 고고학 탐사 및 연구 활동을 하고, 고대 언어나 문화, 유물과 유적의 디지털 복원 작업도 해요. 고대 환경 을 분석하고 조사하여 환경 대책을 수립하기도 하죠.

Q 어떤 능력이 필요한가요?

A 자연친화지능, 대인관계지능, 분석력과 협응력이 필요해요. 인류 학과, 언어학과, 역사문화콘텐츠학과, 환경공학과, 고고학과 등 관련 전공을 하는 것이 유리해요.

사라진 문명이나 인류와 생명체의 흔적 등을 추적 조사, 발굴에 필요한 역사학, 지질학, 생물학, 건축학, 음악사학, 미술사학 등 의 기본적인 지식도 갖추면 좋아요. 여러 나라의 학자들과 함께 발굴 작업을 하는 경우가 많기 때문에 협업 능력이나 의사소통을 위한 외국어 능력도 중요해요. 문화와 역사에 대한 탐사, 발굴, 연구에 필요한 인내력, 사명감, 문제해결 능력이 필요해요. 고고 학자가 되려고 하면 탐구심과 지적호기심, 흥미와 함께 열정, 열 의가 있어야 해요.

Q 어떤 경험이 필요한가요?

A 〈인디애나존스〉 같은 고고학 관련 영화도 좋은 경험이 될 수 있어요. 유물이 전시되어 있는 박물관 견학, 박물관이 살아있다 시리즈도 체험해 보길 추천해요.

역사학, 미술사학, 인류학 등 다양한 분야에 대해서도 관심을 가지고 탐구하는 것이 필요해요. 개인적으로 고고학에 대한 탐구심, 호기심, 호감을 느끼는 것도 중요해요.

Q 전망은 어떤가요?

A 고고학에서 많이 활용되는 것이 눈에 보이는 유물이나 유적을 가상현실VR, 증강현실AR, 3D스캐너와 3D프린팅 기술 등으로 보여주고 만지는 느낌을 주어 유물의 접근성을 실감나게 해주는 기술들이 발전하고 있어요. 또한 항공 및 컴퓨터 기술의 발달로 디지털 고고학자의 역할이 커질수록 직업적 전망도 좋아질 것으로 예측돼요. AI 기술을 통해 오랫동안 인류가 풀지 못한 고고학적인 숙제나 문화재 복원 등을 통한 전시 등에도 디지털고고학자의 역할이 매우 중요해요. 디지털고고학자는 주로 박물관, 학교나 연구기관 등에서 일하게 돼요.

TIP | 박물관

로봇감성인지연구원

Q 어떤 일을 하나요?

A 감정과 감성은 달라요. 감정은 사람들이 일반적으로 느끼며 일어나는 마음이나 기분을 말해요. 감성은 감정을 느끼는 정도로 사람마다 환경이나 경험에 따라 다르게 나타나요. 로봇감성인지연구원은 로봇이 인간의 요구에 따라 작동할 수 있도록 인간과 로봇의 감성적인 교류에 대한 연구를 해요. 로봇이 인간의 감정 변화와 감성 상태, 패턴 등을 얼마나 잘 예측하고 표현할 수 있는지 등 감정측정기술 연구도 중요한 업무예요. 시각, 음성 인식을 통한 사용자 중심의 감성 인식에서 촉각 기반의 상호작용을 통한 감성을 생성하고 다양한 형태로 감성을 표현하는 로봇들에 대한 개발에도 참여해요.

Q 어떤 능력이 필요한가요?

A 논리수학지능, 언어지능, 분석력과 창의력이 필요해요. 심리학과, 컴퓨터공학과, 인지과학, 전자공학과, 기계공학과 등의 관련 전공을 하는 것이 유리해요.

인간심리학, 인간의 관점 및 행동, 인간의 감정에 대한 충분한 이해가 필요해요. 감성에 대한 연구이기 때문에 집중력과 인내력, 추리력, 민감성 등이 중요해요. 다양한 예술적 체험을 통해 사람들의 감성에 대한 공감력, 민감한 관찰력, 창의력을 키우는 것이 필요해요.

Q 어떤 경험이 필요한가요?

A 지역에 있는 로봇박물관, 서울로봇박물관, 토이로봇관, 부천로보파크, 지역에 있는 과학관 등 견학을 통해 로봇에 대한 기술의 발전 이해가 필요해요.

다양한 독서를 통해 인간에 대한 감정과 감성에 대한 경험을 많이 쌓을수록 좋아요. 감성적이고 창의적인 것들에 도전해 보면 좋은 경험이 될 거예요.

Q 전망은 어떤가요?

A 내·외부 자극에 대한 로봇의 감성을 생성하기 위하여 다양한 감성 모델이 연구되고 있어요. 외부환경을 인식하고 상황을 판단해 자율적으로 행동하는 지능형 서비스 로봇은 새로운 시장을 열어 줄 것으로 기대돼요. 이와 관련된 연구와 개발이 빠르게 확대되고 있기 때문에 직업에 대한 전망은 밝을 것으로 예측돼요.

TIP | 로봇박물관, 서울로봇박물관, 토이로봇관, 부천로보파크, 지역에 있는 과학관

홀로그램전시기획자

로그램전시기획자

Q 어떤 일을 하나요?

A '홀로그램'이란 완전하다는 뜻의 'Holos'와 그림이라는 뜻의 'Gram'의 합성어로 완전한 사진을 의미해요. 두 개의 레이저광선이 만나 일으키는 빛의 간섭효과를 통해 3차원 입체영상을 제작하는 기술을 홀로그래피라고 해요[5]. 이러한 홀로그래피 기술을 활용한 공연이나 전시 등을 기획하고 콘텐츠를 제작하며 영상장비를 운영하는 일을 해요. 홀로그램의 콘텐츠 제작 방법 결정, 관객의 시선 방향, 무대 높이, 거리, 속도, 나타나는 것과 사라지는 것, 배경효과, 특수효과음, 조명 등을 연출하는 역할을 하죠.

Q 어떤 능력이 필요한가요?

A 시각공간지능, 대인관계지능, 창의력과 기획력이 필요해요. 전자공학과, 물리학과, 컴퓨터공학과, 심리학과, 인지과학과, 시각디자인학과, 영상그래픽디자인학과 등의 관련 전공을 하는 것이 유리해요.

전시에 대한 스토리텔링 능력과 문화콘텐츠 전반에 대한 이해와 전시 기획력을 갖추면 좋겠지요. 홀로그래피 기술에 대한 이해와 무대 연출, 공간 디자인에 대한 이해도 필요해요. 또한 다양한 분

---

5) 본 저작물은 '삼성디스플레이 뉴스룸' 기사를 참조한 것임.

야의 사람들과 협업을 해야 하기 때문에 의사소통 능력을 기르면 좋아요.

Q 어떤 경험이 필요한가요?

A 가상현실VR·3D·4D 홀로그램전시관, 국립과학관, 역사박물관, 문화박물관 등의 탐방을 추천해요.

다양한 공연과 전시에 대한 참관 경험이 많을수록 콘텐츠 전반에 대한 이해도를 높일 수 있어요. 유튜브 등 홀로그램 관련 동영상 자료를 통한 학습도 좋은 경험이 될 거예요.

Q 전망은 어떤가요?

A 홀로그램을 이용해 전시나 공연을 기획하고 운영하는 일은 예술, 공연, 교육 분야에서 꼭 필요한 직업으로 부상하고 있어요. 직접 갈 수 없고 볼 수 없는 곳을 홀로그램으로 만들어 3차원 공간에서 경험할 수 있는 교육이 제공되면서 보다 대중화되고 응용 분야도 늘어나고 있어요. 홀로그램을 이용한 디지털박물관, 전시관, 연극 및 공연, 쇼나 콘서트 등 엔터테인먼트 관련 업체, 홀로그램 및 증강현실 기반의 전문 전시 업체, 테마파크 기획 업체 등에서 활동할 수 있어요. 건축, 의료, 자동차 산업 분야에도 확대될 것으로 전망돼요.

TIP | VR · 3D · 4D 홀로그램전시관, 국립과학관, 역사박물관, 문화박물관

생체인식전문가

Q 어떤 일을 하나요?

A 생체인식이란 사람의 신체 중 생김새, 목소리, 손바닥, 지문, 홍
채, 망막, DNA, 정맥, 걸음걸이 등에서 고유한 특성을 인식시켜
본인 여부를 비교하고 확인하는 것을 말해요. 생체인식시스템개
발자로 불리기도 해요. 사용자의 홍채, 지문, 혈관 등 생체정보를
등록하고 식별하는 프로그램을 개발하며 맞춤형 정보 서비스를
제공해 주는 시스템개발전문가예요.

Q 어떤 능력이 필요한가요?

A 논리수학지능, 자연친화지능, 창의력이 필요해요. 전자공학과,
컴퓨터공학과, 보안학과, 생명공학과 등의 관련 전공을 공부하면
도움이 돼요.
기술 개발이 필요하기 때문에 수학과 과학에 흥미가 있으면 좋아
요. 컴퓨터와 코딩(프로그래밍)에 대한 이해가 있어야 해요. 복잡한
계산 규칙을 잘 이해하고 논리적으로 생각할 수 있는 능력과 기
계를 조작하고 실험을 통해 문제를 해결하려는 흥미가 있어야 하
고, 무엇이든 깊이 탐구하고자 하는 탐구력이 요구돼요.

Q 어떤 경험이 필요한가요?

A 안전산업박람회, 치안산업박람회, 보안엑스포, 핀테크박람회, 교
육박람회 등을 참관하여 생체인식 기술이 어디까지 발전되고 있

는지 다양한 기술들을 체험해 보세요.

생체인식 관련 독서 및 동아리 활동을 하면서 다양한 경험을 쌓으면 도움이 돼요.

Q 전망은 어떤가요?

A 생체인식 기술은 사람마다 고유의 성격을 띠기 때문에 신원사칭을 방지할 수 있고, 생체인식 시장의 성장과 함께 생체인식 제품에 대한 성능 평가, 보안성 평가가 이슈화되고 있어요. 생체인식에 대한 기술을 이용한 서비스가 개발되면서 생체인식에 대한 관심도 점점 커지고 있어요. 생체인식은 금융과 통신기기 및 서비스 관리, 출입관리, 의료복지 및 공공 분야, 보안, 자동차, 전자상거래 등에서 활용되고 있고, 보안 산업의 핵심기술로 활용 분야가 더욱 확대될 전망이에요.

TIP | 안전산업박람회, 치안산업박람회, 보안엑스포, 핀테크박람회, 교육박람회

디지털큐레이터

Q 어떤 일을 하나요?

A 인터넷에서 사용자가 원하는 가치 있는 정보를 수집, 분류, 정리하고 그 목적에 따라 재구성하는 과정을 통해 새로운 정보를 생성하여 사용자에게 전달하는 활동을 디지털큐레이션Digital Curation이라고 해요. 이러한 일을 담당하는 전문가를 디지털큐레이터Digital Curator라고 하죠. 효율적으로 데이터를 공유하고 보존하는 일도 하고, 데이터 이용과 접근도 쉽게 할 수 있도록 사용자에게 정보나 교육 등의 역할도 해요.

Q 어떤 능력이 필요한가요?

A 논리수학지능, 언어지능, 통찰력이 필요해요. 특별히 관련된 전공은 없지만 소프트웨어공학과, 커뮤니케이션공학과 등의 전공을 하면 도움이 돼요.

디지털화 채널의 이해, 디지털 관련 정보 수집 방법, 데이터 관리와 공유, 데이터 이용과 접근 등에 관한 전문 지식을 익히면 도움이 돼요. 사용자가 원하고 찾을 것 같은 정보와 콘텐츠를 보다 빠르게 찾을 수 있는 능력과 그 자료를 재구성할 수 있는 능력이 있으면 좋아요. 콘텐츠를 자동으로 분류할 수 있는 소프트웨어SW 능력이 필요해요.

Q 어떤 경험이 필요한가요?

A 인터넷 사용에 능숙하고 다양한 SNS의 이용 경험이 있으면서 자신만의 콘텐츠를 구성한 경험이 중요해요.

다양한 신문 구독, 정보 잡지 구독을 통해 지속적으로 관심 있게 볼 수 있어야 해요. 학교 방송국 동아리 기자 활동이나 지역사회 기자 활동도 좋은 경험이 돼요.

Q 전망은 어떤가요?

A 영국에서는 디지털큐레이션센터가 국가 차원에서 설립되어 디지털큐레이터 업무를 담당하고 있어요. 온라인 콘텐츠에서 사용자가 가장 필요로 하고 원하는 정보를 찾아 재구성하여 제공하는 일은 넘쳐나는 정보의 홍수 시대에 반드시 필요하고, 이러한 시장이 확장되고 있기 때문에 국내에서도 전문성을 갖춘 디지털큐레이터의 전망은 매우 밝을 것으로 예측돼요. 개인 맞춤형 추천 채널 서비스를 제공하는 유료방송 기업들이 대표적이죠. 음악 서비스 기업에서는 개인의 취향에 맞춘 서비스를 제공하고 있어요. 이처럼 많은 국내외 기업들이 소셜네트워크서비스를 홍보 수단으로 활용하면서 전문 인력인 디지털큐레이터를 필요로 하는 곳은 더욱 증가할 것으로 예측해요.

U-City기획자

Q 어떤 일을 하나요?

A U-City는 유비쿼터스ubiquitous 도시를 말해요. 유비쿼터스 도시란 시간과 장소에 관계없이 언제 어디서든 인터넷 접속으로 교육, 행정, 교통, 방범, 환경, 보건복지 등의 필요한 정보와 시설을 이용하는 것이 가능한 미래형 첨단도시예요. 이를 계획하고 건설하기 위한 전체 방향과 그림을 그리는 설계자 역할을 U-City기획자가 해요. 유비쿼터스도시기획자라고도 해요. U-City 기획을 하려면 주민들의 의견을 수렴하고 정책적·경제적·지역 특성 등 기초 자료를 조사·분석하여 전략을 수립해야 해요.

Q 어떤 능력이 필요한가요?

A 시각공간지능, 논리수학지능, 창의력이 필요해요. 도시공학과, 건설공학과, 정보통신공학과 등의 전공을 하면 도움이 돼요. 기본적으로 도시공학이나 건축공학에 관심이 있으면 더욱 좋아요. U-City 기획을 하려면 기획자의 무궁무진한 창의적인 아이디어가 필요해요. 도시와 인간에 대한 종합적인 이해와 지식이 요구되며, 미래에 대한 장기적인 예측력도 필요해요. 연계된 타 분야의 지식과 기술을 유연하게 받아들이고 이해하는 능력이 있으면 일하기가 재미있을 거예요.

Q 어떤 경험이 필요한가요?

A 유비쿼터스전시공간, 박물관, 건축박람회, 스마트엑스포 등에 참
관하여 체험해 보세요. 도시공학과 관련된 잡지나 독서를 권장하
고, 유비쿼터스 관련 정보를 탐색해 보세요.

자신이 생각하는 U-City를 상상하여 설계도 해보고 관심 있는 친
구들끼리 동아리 활동도 하면 좋아요.

Q 전망은 어떤가요?

A 무선통신 기술의 발달과 초소형 반도체칩으로 무장한 휴대용
단말기 기술의 발달로 국내에서는 약 60개의 지방자치단체가
U-City 건설을 위한 사업을 수립하거나 추진 중에 있어요. 미국,
독일, 영국, 스페인 등 세계 각국의 도시에서 도시 경쟁력 향상을
위해 U-City 건설에 나서고 있기 때문에 이 분야의 일자리는 더
욱 증가할 것으로 예측돼요.

TIP | 유비쿼더스전시공간, 박물관, 건축바람회, 스마트엑스포

사물인터넷IoT개발자

Q 어떤 일을 하나요?

A 사물인터넷은 IoTInternet of things의 약자예요. IoT 개발자는 여러 가지 사물에 센서와 스마트기기를 결합하여 사물끼리 인터넷을 통해 실시간으로 데이터를 주고받아 스스로 분석하고 학습한 정보를 토대로 사용자에게 제공하거나 사용자가 이를 조정할 수 있는 인공지능 기술이나 환경을 개발하는 일을 해요. 여러 가지 건축물과 가정, 회사 데이터와 에러가 없는지 서버실에서 IoT서비스를 사용하는 고객을 관리하는 일도 하고, 데이터를 관리하는 기술 개발도 해요.

Q 어떤 능력이 필요한가요?

A 논리수학지능, 대인관계지능, 응용력과 집중력이 필요해요. 컴퓨터공학과, 소프트웨어공학과, 전자공학과, 제어계측공학과, 정보통신공학과 등의 전공을 하면 도움이 돼요.

기본적으로 정보통신기술과 소프트웨어 프로그램 설계, 프로그래밍언어, 네트워크, 데이터 구조 등 관련된 역량을 갖춰야 해요. 다양한 사물과 기기에 적용할 수 있는 응용력과 창의력을 키우는 것이 무엇보다 중요해요. 다양한 사람과 함께 팀을 이루어서 개발해야 하기 때문에 의사소통이 원활하고 원만한 대인관계를 형성하는 사람이면 좋겠지요.

Q 어떤 경험이 필요한가요?

A 사물인터넷국제전시회, 박람회, G벨리4차산업체험센터, 한국융합과학교육원에서의 체험, 사물인터넷DIY체험교실 등을 통해 사물인터넷 환경과 기본 원리를 경험해 보세요.

리눅스, 윈도우, 파이썬, 자바, C언어 등을 학습해두면 좋아요. 전자통신과 소프트웨어 관련 독서를 권장하고 동아리 활동을 통하여 창의적인 아이디어 활동을 해보세요. 고등학교 졸업 후에 미국공학교육인증원에서 인증한 교육 프로그램을 학습하고, IoT 공모전에도 참여하면 좋은 경험이 될 거예요.

Q 전망은 어떤가요?

A 사물인터넷은 4차 산업혁명의 핵심 기반 기술이에요. 세계 여러 나라가 사물인터넷 기반 시설을 구축하고 적극적으로 활용하고 있어요. 유럽은 IoT 액션 플랜을 마련해 연구 개발 및 시범 서비스 산업을 시행하고 있고, 미국은 '그리드 2030' 계획을 통해 다양한 분야에서 IoT 보급 확산을 위한 사업을 추진하고 있어요. 일본은 원격진료, 지진감시 등을 포함한 전략을 추진 중이고, 중국은 산업육성을 위한 연구단지 조성, 연구센터 구축 등을 추진하고 있죠. 사물인터넷은 홈, 건강관리, 의료와 헬스, 도시와 안전, 에너지, 자동차와 교통, 제조, 건설 등으로 계속 활성화가 예상돼요. 사물인터넷은 계속 확장되고 있는 미래 핵심 산업이므로 빠르게 성장하기 때문에 도전하면 좋아요.

TIP 사물인터넷국제전시회, 박람회, G벨리4차산업체험센터, 한국융합과학교육원 사물인터넷DIY체험교실

스마트그리드통합운영원

Q 어떤 일을 하나요?

A '똑똑한'을 뜻하는 'Smart'와 공급망, 전력망이라는 뜻의 'Grid'의 합성어인 스마트그리드예요. 한국스마트그리드협회에서는 기존의 전력망에 ICT 기술을 접목하여 전력생산 및 소비자 정보를 양방향 실시간으로 교환함으로써 에너지 효율을 최적화하는 차세대 전력망이라고 해요. 전력 생산과 전력 소비, 전력 사용 정보 등을 실시간으로 취합하고 관리해 주며, 스마트그리드의 각종 서비스를 관장하는 중앙관제센터를 운영하는 일을 해요. 스마트그리드통합운영원은 스마트그리드 전력계통망을 운영하는 지휘자라 할 수 있어요.

Q 어떤 능력이 필요한가요?

A 논리수학지능, 대인관계지능, 소통 능력이 필요해요. 전기전자공학과, 정보통신공학과, 전자제어공학과 등의 전공을 하면 도움이 돼요.

전기와 정보통신이 융합된 산업이기 때문에 두 분야 모두 관심을 갖는 것이 중요해요. 전력시장을 공정하고 투명하게 운영하는 권한과 책임도 있기 때문에 공정성과 책임감을 길러야 해요.

Q 어떤 경험이 필요한가요?

A 한국전력 전기박물관전시 관람, 스마트그리드전시회, 코리아스

마트그리드엑스포, 제주 실증
단지 등의 참관을 통해 경험을
쌓으면 좋아요.

스마트그리드 관련 독서와 동
아리 활동, 한국전기연구원 체
험 교육 등이 도움될 거예요.
청소년 신재생에너지* 및 현장
직업 체험프로그램 참여를 추
천해요. 전기는 우리에게 매우
유용하지만 위험성도 있기 때
문에 안전관리에 대한 전기안
전교육도 반드시 필요해요.

> **신재생에너지**
>
> 석탄, 석유, 원자력 및 천연가스 등
> 화석연료가 아닌 태양에너지, 바이오
> 매스, 풍력, 소수력, 연료전지, 석탄
> 의 액화, 가스화, 해양에너지, 폐기
> 물에너지 및 기타로 구분되고 있고 이
> 외에도 지열, 수소, 석탄에 의한 물질
> 을 혼합한 유동성 연료를 의미함. 그
> 러나 실질적인 신재생에너지란 넓은
> 의미로는 석유를 대체하는 에너지원
> 으로 좁은 의미로는 신·재생에너지원
> 을 나타냄.
>
> 신에너지 3개 분야: 연료전지, 선탄
> 액화·가스화, 수소에너지
> 재생에너지 8개 분야 : 태양열, 태양
> 광발전, 바이오매스, 풍력, 소수력,
> 지열, 해양에너지, 폐기물에너지
>
> 출처: 녹색에너지연구원

Q 전망은 어떤가요?

A 스마트그리드 초기 시장 창출
을 위한 인프라 보급 확산, 7대 거점도시 광역경제권별 구축, 지
능형 서비스사업자 육성을 적극 추진하고 있어요. 세계 여러 나
라에서 국가 단위 스마트그리드 구축을 추진하고 있으며 시장이
빠르게 확대되고 있어요. 중앙 집중 및 분산의 발전 형태로 바뀌
고, 신·재생에너지의 사용이 확대되며, 양방향으로 전력과 정보
가 흐르게 되고 소비자의 참여로 설비가 운영되면서 스마트그리
드통합운영원의 역할이 더욱 중요해질 것으로 예측돼요.

TIP 한국전력 전기박물관, 스마트그리드 전시회, 코리아 스마트그리드 엑스포
제주 실증단지

증강현실엔지니어

Q 어떤 일을 하나요?

A 증강현실AR, Augmented Reality은 내가 바라보는 현실 세계에 컴퓨터로 만들어 낸 가상의 정보들을 합성하여 실제 환경 속에 존재하는 것처럼 겹쳐서 보여 주는 차원의 입체영상기술이에요. 증강현실엔지니어는 이러한 증강현실 시스템에 적용할 알고리즘을 개발하고 응용하는 일을 하는 프로그래머예요. 영상처리기술을 기반으로 현실 세계와 가상 현실을 합성해 증강되어 나타나게 할 객체를 안정적이고 정확하게 표현하는 시스템을 개발하여 실용화시키는 일도 해요.

Q 어떤 능력이 필요한가요?

A 시각공간지능, 논리수학지능, 분석력과 집중력이 필요해요. 컴퓨터공학과, 소프트웨어공학과, 정보처리학과, 게임공학과 등의 전공을 하면 도움이 돼요.
기본적으로 수학적인 능력과 3D 엔진기술, 그에 따른 기획력, 디자인 능력, 컴퓨터프로그래밍 능력을 갖추면 좋아요. 분석적 사고와 인내와 끈기, 도전정신도 필요해요. 또한 수학적 판단력과 기술 응용력, 디자인에 대한 기본적 소양을 갖추는 것과 창의력, 커뮤니케이션 능력이 요구돼요.

Q 어떤 경험이 필요한가요?

A 컴퓨터 지식뿐 아니라 다양한 분야에 관심을 가지고 경험을 쌓으면 좋아요. 새로운 3D영화나 만화 같은 영상을 보면 도움이 될 거예요.

벡스코 VR·AR 융복합센터, 국립밀양기상과학관, 재난안전 증강체험 및 가상체험, 다양한 VR·AR체험관 등의 경험을 추천해요. AR과 관련된 신문 기사 스크랩, AR시연 동아리 활동, AR과 관련된 잡지 등을 구독하고, 컴퓨터프로그래밍에 관련된 기초 지식을 꾸준히 익혀 나가면 좋아요.

Q 전망은 어떤가요?

A 현실과 가상의 세계를 넘나드는 증강현실은 스마트폰의 대중화와 함께 빠르게 성장하고 있으며, 생활의 질적 수준을 향상시키고, 미래를 이끌어가고 획기적으로 변화시킬 새로운 미래혁신기술로 주목받고 있어요. 증강현실은 미래혁신기술로, 국방, 항공, 의료, 건축설계, 게임, 교육, 여행, 쇼핑, 기상 등에 위치정보서비스를 결합하는 등 다양한 방식으로 적용되면서 증강현실엔지니어의 역할은 더욱 각광 받을 것으로 예측돼요. 인간의 삶을 더 편리하고 즐겁게 하기 위한 도움을 주고 싶은 사람이라면 매우 흥미롭고 장래가 보장되는 분야라고 전망해요.

TIP 　벡스코 VR · AR 융복합센터, 국립밀양기상과학관, 재난안전증강체험

인공지능전문가

Q 어떤 일을 하나요?

A 2016년 인공지능 알파고가 프로바둑기사 이세돌 9단을 이겼던 장면을 다 기억할 거예요. 그때부터 인공지능AI, Atificial Intelligence 이 우리 생활을 크게 일깨웠다고 생각해요. 인공지능은 생각하고 배우고 이해하고 판단하는 인간의 능력을 컴퓨터가 수행하는 시스템이에요. 인공지능전문가를 기계에 생각과 마음을 담는 창조자라고 해요. 인간의 뇌 구조에 대한 지식을 바탕으로 인간의 뇌에서 발생하는 일련의 정보처리 과정, 학습 과정을 분석하여 지능적 컴퓨터프로그램을 만드는 인공지능 개발 분야의 전문가를 말해요. 지능형 소프트웨어를 기반으로 인간과 같이 사고하고 스스로 학습이 가능한 컴퓨터와 로봇 등을 개발해요.

Q 어떤 능력이 필요한가요?

A 논리수학지능, 언어지능, 시스템 분석력과 인지력이 필요해요. 컴퓨터공학과, 정보처리학과, 로봇공학과, 기계공학과, 수학과 등의 전공을 하면 인공지능전문가가 되는데 유리해요.
가능하면 대학원에서 인공지능 관련 전공을 하고 프로그래밍을 할 수 있으면 좋아요. 데이터 과학, 코딩, 수학, 알고리즘에 대한 이해가 있어야 해요. 새로운 것에 대한 호기심이 많아야 하고, 창조적인 발상과 이를 응용할 수 있는 능력이 필요해요. 지식과 기술, 사람과 사람, 그리고 사람과 기술을 연계하기 위한 ICT 문해력과 소통력, 다양한 영역의 사람들과 협업하고 이를 통해 새로운 가치를 창출할 수 있는 창의력과 협업 능력, 고도의 기술 활용과 개발에 따른 다양한 환경 변화 속에서 비판적 사고와 리더십을 통한 더 나은 판단과 의사결정 능력을 갖추면 최고겠지요.

Q 어떤 경험이 필요한가요?

A 뇌과학과 심리학, 언어학, 신경과학, 인류학, 철학 등 다양한 공부를 즐길 수 있으면 좋아요. 컴퓨터를 자유자재로 운용하려면 컴퓨터언어인 코딩을 배우고 컴퓨터와 친숙하면 도움이 돼요. 제주첨단과학기술단지 AI미래체험관, 국립중앙과학관, 국립과천과학관, 광주과학관, 충북과학체험관 등을 탐방하여 AI 체험을 경험해 보세요.

Q 전망은 어떤가요?

A 인공지능은 다양한 기술의 결정체로 4차 산업혁명에서 가장 특징적인 기술 중 하나예요. 미국에서 뜨는 직업 순위에서 인공지능전문가가 1위를 차지할 정도로 유망 직종 중 하나로 보고 있어요. 데이터의 양은 기하급수적으로 늘어날 것이며, 컴퓨터의 저장 및 용량과 처리 속도는 계속 향상될 거예요. 컴퓨터가 스스로 학습하는 딥러닝이 더욱 발전하면서 인공지능을 연구하고 개발하는 인공지능전문가의 일자리는 증가할 것으로 보여요. 인공지능의 적용 범위도 교통, 공공안전, 번역, 의료, 주식투자, 교육, 법률, 기사 작성, 스포츠, 상품추천, 음성비서, 자율주행자동차, 금융 등으로 확산되고 있어요.

TIP | 제주첨단과학기술단지 AI미래체험관, 국립중앙과학관, 국립과천과학관
광주과학관, 충북과학체험관

스마트팜구축전문가

Q 어떤 일을 하나요?

A 스마트팜 기술은 농업기술에 사물인터넷IoT, 인공지능AI 등 정보
통신을 결합한 기술이에요. 스마트팜구축전문가는 스마트 기기
를 활용하여 비닐하우스의 환경을 조절하는 스마트팜 설치를 희
망하는 농업인을 대상으로 컨설팅을 제공해요. 특히 비닐하우스,
축사, 과수원 등에 정보통신기술ICT를 접목하여 원격 또는 자동
제어할 수 있는 스마트팜 설치와 장비 및 소프트웨어를 개발하는
일을 해요. 온도, 습도, 일조량, 이산화탄소, 토양 등의 농업환경
데이터를 수집하고, 작물의 생육환경과 생육상황에 대한 측정,
수집한 자료 분석, 농가의 작물재배와 경영 활동에 대한 컨설팅,
빅데이터 분석 및 활용, 스마트팜 교육 등을 하는 전문가예요.

Q 어떤 능력이 필요한가요?

A 자연친화지능, 논리수학지능, 분석력이 필요해요. 정보통신공학
과, 스마트농업공학과, 농업개발학과, 농업생명융합대학원에서
농업공학 관련 전공을 하면 유리해요.
스마트팜은 농사의 전반적인 이해와 정보통신 기술을 토대로 구
현되는 만큼 관련 지식에 대한 깊이 있는 이해가 요구돼요. 그래
야 농업인을 위해 필요한 기술을 만들어 낼 수 있어요. 여러 산업
들과 스마트팜 분야가 연계하여 공동으로 사업을 추진하는 등 협
업의 기회도 많아지고 있어요. 그러므로 다양한 산업의 트렌드에

대한 지식과 의사소통 능력을 키우는 것도 중요해요. 무엇보다 생명을 존중하고 자연을 사랑하는 마음이 있어야 해요.

Q 어떤 경험이 필요한가요?

A 서울농업기술센터의 스마트팜인 딸기농장 체험, 스마트팜 현장 체험프로그램, 스마트팜코리아 등의 체험을 추천해요.

스마트팜 관련 농업기술과 정보통신 관련 기술에 대한 기초 지식을 쌓기 위해 독서도 필요하고 현장 체험을 통한 아이디어 기록, 세계 여러 나라의 스마트팜 기술 적용은 어디까지인지에 대한 자료 조사도 좋은 경험이 될 거예요. 특히 세계에서 가장 앞선 기술을 선보이고 있는 네덜란드의 스마트팜에 대한 연구도 많은 도움을 줄 거예요.

Q 전망은 어떤가요?

A 스마트 농업 분야의 세계적 권위자 프리츠 반 에버트 네덜란드 와게닝겐대학교 교수는 큰 수익을 낼 수 있는 미래 농업 전략으로 스마트팜을 꼽았어요. 세계 여러 나라가 열심히 스마트팜 기술을 개발하고 있어요. 아직은 시작에 불과하지만 미래 농업에서 빅데이터 분석 및 활용, 인공지능 적용 등이 도입되고 다양한 형태의 스마트팜이 확산되면 스마트팜 관련 전문가에 대한 인력수요는 더욱 증가할 것으로 예측해요. 스마트팜시설전문가, 스마트팜방제전문가, 스마트팜영양전문가, 스마트팜환경관리전문가 등으로도 확산되고 있어요.

TIP | 서울농업기술센터, 스마트팜 현장 체험프로그램, 스마트팜코리아

6차산업컨설턴트

Q 어떤 일을 하나요?

A 농업이 단순 생산에만 머무르지 않고 점차 생산·가공·체험을 융합한 6차산업으로 발전하고 있어요. 6차산업은 1차 농림수산업, 2차 제조·가공업, 3차 서비스업을 복합한 산업으로 농가가 고부가가치 상품을 가공하고 체험프로그램 등 서비스업으로 확대시켜 부가가치를 창출하는 새로운 산업이에요.

6차산업컨설턴트는 농어촌에 존재하는 모든 향토 자원으로 높은 부가가치를 발생시키는 상품을 어떻게 홍보하고 유통할지 컨설팅해 주는 역할을 해요. 농어촌에서 생산·가공 식품을 어떻게 판매할 것인지 가장 먼저 생각하여 전략을 세워 컨설팅해 주는 역할을 하고, 농촌 체험프로그램을 기획하고 만드는 일을 도와요. 6차산업컨설턴트는 농촌융복합산업을 위해 농업경영전략, 마케팅, 홍보, 재무, 생산성 향상, 지적재산권, 농촌관광, 수출, 제품개발, 공장관리, 법규, 위생관리, 가공기술, 공정개선 등을 컨설팅할 수 있어요.

Q 어떤 능력이 필요한가요?

A 자연친화지능, 대인관계지능, 창의력과 협업 능력이 필요해요. 농업계 학교나 농업 관련 학과를 전공하면 유리해요. 우선 농업에 대한 이해가 있어야 하고 경영에 대한 전문 지식과 트렌드 변화에 민감하고 마케팅 능력도 요구돼요.

왜 농업이 중요하고, 어떤 가치가 있는지에 대한 자기 확신과 열정이 필요해요. 최근 들어 대부분 온라인을 통한 거래가 이루어지기 때문에 온라인 커뮤니케이션 능력, SNS 홍보 마케팅 능력도 갖춰야 해요. 더 나아가 인문학적 지식과 소양 그리고 이것을 산업과 연결하여 사람의 마음을 움직이고 행동을 이끌어낼 수 있는 브랜드를 만들고 스토리텔링할 수 있어야 해요.

Q 어떤 경험이 필요한가요?

A 농업생산을 직접 체험해보는 것도 중요하지만 그 보다 먼저 농업의 가치를 인식하는 것이 중요해요. 그러기 위해서는 다양한 농촌 체험 현장을 다니면서 경험해 보기를 추천해요.

농촌 체험을 통해 배운 경험과 아이디어를 SNS에 공유하는 연습을 해보세요. 체험프로그램은 농어촌정보 포털서비스인 농어촌알리미를 통해 검색해 볼 수 있어요. 각 지역마다 농촌 체험프로그램을 다양하게 운영하고 있으니 참조하면 좋아요. 마케팅 능력을 키우기 위해 성공한 마케팅 전략을 다양하게 접하면서 분석해보고 노하우와 아이디어를 정리하는 자기만의 메모장을 만들면아주 좋은 학습이 될 거예요.

Q 전망은 어떤가요?

A 유럽에서는 6차산업컨설턴트가 필수적인 직업으로 자리 잡고 있어요. 대표적인 곳이 독일 헤센주 북부에 있는 뢴 지방이에요. 야생 사과가 대표 품종인 이 마을은 재배는 물론 와인과 주스를 제조해 판매하고 자체 와이너리를 운영해 도시 관광객들을 모아요. 또 야생 사과를 테마로 한 농촌 호텔과 레스토랑도 운영해 부가가치를 창출하고 있어요. 이제 농어업도 마케팅이 필수인 시대에

요. 농촌지역 개발 및 발전에 대한 요구가 커지면서 컨설팅을 요청하는 수요가 빠르게 늘고 있어요. 농촌기술센터나 농촌진흥청, 사회경제네트워크 등 정부 산하기관에서 일할 수 있고, 컨설팅 회사나 프리랜서로도 활동할 수 있어요. 이미 농어촌개발컨설턴트라는 국가공인자격증이 생겼고, 6차산업지도사, 농촌체험지도사 등 관련 자격증이 다수 생기고 있어요.

학부모 TIP

융합·ICT·유비쿼터스 분야의 미래직업에는 게임기획자, 디지털고고학자, 로봇감성인지연구원, 홀로그램전시기획자, 생체인식전문가, 디지털큐레이터, U-city기획자, 사물인터넷개발자, 스마트그리드통합운영원, 증강현실엔지니어, 인공지능전문가, 스마트팜구축전문가, 6차산업컨설턴트 등이 있습니다. 현재의 융합·ICT·유비쿼터스 분야 상황은 컴퓨터 기술의 발달로 가상현실, 증강현실 등을 구현하고 있습니다. 특히 증강현실은 스마트폰의 대중화와 함께 빠르게 성장하고 있으며 미래를 이끌어갈 미래혁신기술로 주목받고 있습니다.

인간과 로봇의 감성적인 교류가 있는 지능형 서비스 로봇의 등장, 홀로그램을 이용한 전시나 공연 관람, 보안 산업 분야의 핵심 기술인 생체인식 기술의 연구와 개발도 매우 활발하게 진행되고 있습니다. ICT를 활용한 도시 경쟁력 향상을 위한 유비쿼터스 도시 건설, 4차 산업혁명의 핵심 기술인 IoT 기반 시설이 홈, 건강관리, 의료와 헬스, 도시와 안전, 에너지, 자동차와 교통, 건설 등으로 계속 확장되고 있습니다.

7. 복지·실버산업

정신대화사
시니어여가생활매니저
감정노동치유사
반려동물관리전문가
반려동물테라피스트
반려동물식품코디네이터
반려동물장례코디네이터

정신대화사

Q 어떤 일을 하나요?

A 고독이나 외로움을 느끼는 사람들과 정신 대화 서비스를 통해 고
독감을 덜어 주는 역할로 살아갈 가치를 느끼고 행복한 삶을 살
수 있도록 정신적으로 도움을 주며 지원하는 일을 해요. 주로 연
세가 많은 어르신, 은둔형 외톨이, 간병에 지친 분, 말기암 환자,
사고나 재해 피해를 입은 사람 중 정신적으로 지원이 필요한 사
람을 방문하여 진심으로 대화하며 마음의 위안과 상처를 치유하
는 정신적인 서비스를 제공해요.

Q 어떤 능력이 필요한가요?

A 개인 내적지능, 대인관계지능, 의사소통 능력이 필요해요. 사회
복지학과, 심리상담학과, 정신보건학과, 간호학과 등의 관련 전
공을 하면 유리해요.
전문적인 코칭 기술, 상담 기법, 대화 기법, 심리학에 대한 이해
와 지식이 필요해요. 다른 사람의 이야기를 경청하고 공감하는
능력이 중요해요. 상대방을 편안하게 하는 배려심이 필요해요.

Q 어떤 경험이 필요한가요?

A 남을 배려할 수 있는 마음, 따뜻한 말로 위로하고 격려하며 지지
해주고 들어줄 수 있는 마음 자세를 갖추는 연습과 훈련이 필요
해요.

동아리 활동, 말벗 봉사활동 등을 통해서 대화가 필요한 사람과 이야기를 나눌 수 있는 시간을 채워가면 소중한 경험이 되어 보다 전문적인 정신대화사가 될 수 있어요. 상대방을 마음으로 들어주는 '듣기전문가'의 역할을 해보는 경험도 중요해요.

Q 전망은 어떤가요?

A 물질적인 풍요로움으로 채울 수 없는 인간의 외로움을 따뜻한 대화로 풀어 주어야 할 사람이 많아지고 있어요.

고독사가 증가하고 우리나라가 OECD 국가 중 노인자살률 1위를 차지하고 있는 상황에서 고독사를 예방하고 독거노인을 돕는 차원에서 정신대화사의 역할은 더욱 중요해질 전망이에요. 아직 우리나라에서는 정신대화사로 활동하는 직업인은 없고, 주로 사회복지사나 노인복지사의 일부에서 말벗도우미를 하는 자원봉사나 사회공헌 차원에서 하고 있어요.

물론 치료사, 상담사, 정신과의사 등은 '정신'을 다루는 데 전문가이고 자격을 가진 이들이 많이 있지만, 사람의 마음을 들어주고 인정해 주고 격려해 주면서 따뜻한 대화로 마음을 가볍게 하는 것을 도와주는 전문적인 직업인은 없었어요. 이미 일본에서는 정신대화사가 활성화되어 보수를 받는 직업인으로 활동을 하고 있어요. 보통 병원이나 학교, 청소년상담기관, 사회복지기관, 노인전문기관 등에서 활동할 수 있어요.

시니어여가생활매니저

Q 어떤 일을 하나요?

A 프랑스에서는 '시니어행복도우미'라고 불린대요. 은퇴 이후 시니어의 삶의 질을 높여 주고, 풍요로운 노후생활을 위해 다양한 프로그램 자체를 기획·발굴하고 서비스하는 일을 해요. 시니어들이 좋아하는 정보화교육, 문화 체험, 게임 및 레크리에이션*, 다른 사람과의 만남, 여행, 영화관람, 교육 등 다양한 활동을 소개함으로써 여유롭고 만족스러운 여가 생활을 할 수 있도록 직접 기획하고 지원하는 역할을 해요.

> **레크리에이션recreation**
> 운동이나 오락 등을 하여 심신心身의 피로를 풀고 힘을 얻는 일. 또는 그 운동이나 오락.

Q 어떤 능력이 필요한가요?

A 대인관계지능, 신체운동지능이나 언어지능 혹은 음악지능, 의사소통 능력이 필요해요. 노인(실버)학과, 간호학과, 사회복지학과 등에서 전공을 하면 유리해요.

시니어에 대한 올바른 이해가 기본이고, 더 나아가 시니어들의 신체적·정신적·정서적 특성을 충분히 이해할 수 있어야 해요. 시니어 계층에 맞는 프로그램을 기획할 수 있는 기획력, 프로그램을 운영할 수 있는 능력, 시니어 동아리 운영 능력이 필요해요.

Q 어떤 경험이 필요한가요?

A 시니어라이프&복지박람회, 시니어의료산업박람회 등을 참관해 보는 것을 추천해요. 시니어 동아리, 시니어복지센터, 실버타운, 요양원, 노인복지센터 등의 봉사활동을 통해 경험을 쌓으면 도움이 돼요.

실버산업에 대한 독서, 시니어 여가 생활 트랜드 찾기, 다양한 레크리에이션 프로그램 과정 수강도 좋은 경험이에요. 학교생활을 하면서 오락 담당, 임원 활동, 방송반에서의 기자 활동도 대인관계 능력을 향상시키는 기회로 삼으면 좋아요.

Q 전망은 어떤가요?

A 유럽에서는 시니어의 복지와 행복이 중요해지면서 시니어의 기쁨과 행복을 찾아 주는 서비스가 발달하고 있어요. 프랑스에 있는 대학에서는 시니어 엔터테인먼트 과정을 신설해 운영하고 있어요. 최근에 우리나라에서도 고령화 사회로 빠르게 변화하면서 공공 및 민간 영역인 유료노인복지주택, 실버타운 등의 수요가 지속적으로 증가하고 있어요. 이에 따라 서울시 산하 재단법인 서울산업진흥원SBA의 지원으로 시니어여가생활매니저의 인재양성 과정을 개설하여 운영하고 있어요. 100세 시대를 살아가는 시니어가 주체적인 노후를 보낼 수 있도록 그 시작점을 설계해 주는 직업군으로 자리 잡고 있어요.

TIP | 시니어라이프&복지박람회, 시니어의료산업박람회

감정노동치유사

Q 어떤 일을 하나요?

A 공항이나 콜센터 직원, 고객서비스센터 직원, 판매원, 은행 창구 직원, 호텔 객실 직원, 병원 간병사 등 서비스업 종사자는 우리나라 전체 노동자의 70퍼센트에 해당되며 감정노동자는 약 740만 명이나 된다고 해요. 감정노동자는 고객들로부터 무리한 요구, 언어폭력, 폭행, 협박, 학대, 희롱, 성희롱, 강한 민원제기 등의 경험이 많다고 해요. 이로 인해 신체적·정서적·행동적 이상증세를 보이는 노동자에게 필요한 인권과 심리검사, 상담프로그램 제공, 스트레스 예방 및 원인을 파악하여 해소방법에 대한 전문적인 상담을 수행하는 사람을 감정노동치유사라고 해요.

Q 어떤 능력이 필요한가요?

A 개인 내적지능, 대인관계지능, 공감 능력이 필요해요. 상담심리학과, 간호학과, 사회복지학과, 보건학과, 사회학과 등을 전공하면 유리해요.

상담심리, 산업심리 등 심리학에 대한 전반적인 지식과 상담기술을 습득하면 도움이 돼요. 자기 자신에 대한 자아존중감, 자기효능감 등을 기본적으로 갖추어야 하고, 뛰어난 공감력을 겸비한다면 더욱 좋겠지요. 상상력이 풍부하고 자유분방하며 개방적인 예술형이라면 한 번 도전해 보세요.

Q 어떤 경험이 필요한가요?

A 감정카드 프로그램, 감정놀이 프로그램, 음악치유 프로그램, 미술치유 프로그램, 감정표현 프로그램, 공감 훈련 향상 프로그램, 분노조절 프로그램 등 다양한 감정조절 프로그램과 인성교육 프로그램에 참여하여 체득해보는 경험을 추천해요.
감정조절을 위한 집단상담 프로그램이나 건강한 감정표현 프로그램 참여 경험도 쌓아두면 좋아요.

Q 전망은 어떤가요?

A 4차 산업혁명 시대에 오직 사람만이 할 수 있는 일은 감정노동이라고 해요. 감정 커뮤니케이션이 주요 업무가 되는 직업인이 많아질 것으로 예측됨에 따라 직무스트레스뿐 아니라 상처를 보듬어 주는 감정노동치유사의 수요는 계속 증가할 것으로 전망돼요. 최근에는 사회적으로도 큰 문제가 되어 '감정노동자보호법'이라는 산업안전보건법이 만들어졌을 정도예요. 앞으로도 감정노동자를 위한 프로그램이 다양하게 만들어질 것으로 보이기 때문에 감정노동치유사는 꼭 필요하겠죠.

반려동물관리전문가

Q 어떤 일을 하나요?

A 교육·훈련, 질병 치료, 건강관리, 위생관리, 학대방지, 위탁관리, 사육 등 동물을 관리하는 일을 수행하는 전문가예요.

동물의 자유와 권리 및 안전을 지키는 역할을 하는 전문가로 동물 학대 여부를 조사하고 유기되거나 위험한 동물을 구조해 관리하며 시민들에게 동물복지나 동물관리법과 규정 등에 대한 교육도 실시해요.

Q 어떤 능력이 필요한가요?

A 자연친화지능, 개인 내적지능 혹은 신체운동지능, 의사소통 능력이 필요해요. 농업생명과학과, 동물자원학과, 축산학과, 수의학과 등에서 동물 관련 전공을 하면 유리해요.

반려동물의 질병 관리, 교육·훈련, 미용과 같은 자신만의 특화된 분야에 대한 경험과 기술을 쌓아가면 좋아요. 반려동물의 종류별 신체구조와 생리, 의사소통법, 행동분석, 각종 질병에 대한 건강관리를 기본 지식으로 갖춰야 하겠지요. 나눔과 협력, 이웃 및 사회와 공감하고 교류할 수 있는 능력, 동물에 대한 전문성을 바탕으로 기본 윤리를 실천할 수 있어야 하고, 동물과 사람을 소중히 여기며 존중하는 마음으로 소통하는 관계를 중시하는 역량을 갖추어야 해요.

Q 어떤 경험이 필요한가요?

A 반려동물박람회, 대한민국펫산업박람회, 희귀애완동물박람회 등에 관심을 가지고 참관해 보세요. 동물간호복지나 반려동물을 키우면 좋은 경험이 될 거예요.

이 외에도 동물 관리에 대한 다양한 경험이 있으면 좋아요. 반려동물 카페, 동물보호시설 등에서 봉사활동 경험이 있으면 도움이 돼요.

Q 전망은 어떤가요?

A 우리나라도 반려동물 인구가 1000만 명 시대가 되었다고 해요. 따라서 동물보호와 생명 존중, 동물을 안전하고 윤리적으로 관리할 수 있는 전문가에 대한 수요는 빠르게 증가하고 있어요. 반려동물관리전문가는 동물의 보건, 훈련, 미용 분야 등 본인만의 특화된 영역에서 활동도 가능해요. 농림축산식품부·농림축산검역본부·축산직 공무원, 동물원, 동물병원, 동물의약품 관련 기업, 동물 용품 관련 기업에 진출할 수 있어요.

2019년에는 수의사법 개정으로 '동물보건사' 국가자격시험이 도입되어, 동물 간호 관련 학과를 졸업한 사람에게 응시자격을 부여하고, 자격 보유자는 동물병원에서 진료보조 역할도 수행할 수 있어요.

TIP   반려동물박람회, 대한민국펫산업박람회, 희귀애완동물박람회

반려동물테라피스트

Q 어떤 일을 하나요?

A 한국직업능력개발원은 반려동물테라피스트를 반려동물이 본래 지닌 습성이나 자연치유력을 통해 심신을 안정시키고 건강을 유지할 수 있도록 돕는 직업이라고 정의하고 있어요. 반려동물의 마음의 상처를 사전에 방지하고 건강을 유지하는 방법에 대해 조언하는 역할, 복지 분야에 대한 지도 및 홍보, 좋은 제품 개발 등에도 참여하는 일을 해요. 반려동물의 심리적·육체적 건강도 살피고, 환경의 문제점을 파악하고 반려동물과 지내는 사람도 교육하며, 반려동물의 특성에 맞춘 상담을 진행하거나 천연제품 제작, 마사지 등을 통해 피부 및 피모도 관리하는 일을 해요.

Q 어떤 능력이 필요한가요?

A 자연친화지능, 개인 내적지능, 의사소통 능력이 필요해요. 동물자원학과, 축산학과, 수의학과 등에서 동물 관련 전공을 하면 유리해요.

반려동물의 습성을 이해하고 치유하는 것이 중요하기 때문에 동물의 심리와 행동학, 신체 해부학에 대한 전문 지식을 갖추어야 해요. 마음의 균형을 잡아 주기 위한 전신마사지, 아로마요법, 음식치료 등에 대한 종합적인 지식과 기술이 필요해요. 무엇보다도 동물과 사람을 소중히 여기며 존중하는 마음으로 소통하는 관계를 중시하는 역량을 갖추어야 해요.

Q 어떤 경험이 필요한가요?

A 반려동물박람회, 대한민국펫산업박람회, 희귀애완동물박람회 등에 관심을 가지고 참관해 보세요.

반려견의 몸을 부드럽게 마사지해 근육의 긴장을 풀어 주는 방법과 천연 아로마를 활용해 마음의 균형을 찾아 주는 방법도 배워 이를 직접 키우는 반려동물에게 해주면 좋은 경험이 될 거예요. 이 외에도 동물관리에 대한 다양한 경험이 있으면 좋겠죠. 반려동물 카페, 동물보호시설 등에서 봉사활동 경험이 있으면 도움이 돼요.

Q 전망은 어떤가요?

A 우리나라에서 반려동물을 키우는 가구 수는 약 590만 가구로 30.9퍼센트 정도, 반려동물 인구가 1,000만 명을 넘어섰어요. 반려동물을 가족의 일원으로 키우는 가정이 많아지면서 반려동물의 마음과 신체를 전문적으로 돌봐 주는 반려동물테라피스트를 찾는 사람들도 늘고 있어요. 펫팸pet+family족과 펫코노미 pet+economy라는 신조어까지 생겨 앞으로 반려동물테라피스트의 수요는 계속 늘어날 것으로 전망돼요.

TIP | 반려동물박람회, 대한민국펫산업박람회, 희귀애완동물박람회

반려동물식품코디네이터

Q 어떤 일을 하나요?

A 반려동물을 위한 식품이 다양하게 판매되면서 반려동물의 건강을 생각하여 좋은 먹을거리를 개발하고, 주인에게 품종별, 연령별, 건강상태에 따라 적합한 먹을거리 계획표를 짜서 제공하는 역할도 해요.

Q 어떤 능력이 필요한가요?

A 자연친화지능, 논리수학지능, 의사소통 능력이 필요해요. 동물자원학과, 축산학과, 수의학과, 동물식품학과 등에서 동물 관련 전공을 하면 유리해요.
반려동물의 습성을 이해하고 생리학, 신체 해부학, 영양학에 대한 전문 지식을 갖추어야 해요. 동물 식품 관련 법규, 반려동물의 성장 단계별 영양 공급 방법, 사료의 영양 가치 표시 방법, 성분 분석, 사료의 조리 가동 및 저장 기술 등도 잘 익혀야 해요.

Q 어떤 경험이 필요한가요?

A 반려동물박람회, 대한민국펫산업박람회, 희귀애완동물박람회 등에 관심을 가지고 참관해 보세요.
반려동물의 다양한 식품에 대한 독서와 반려동물에 따른 식품의 종류 등을 조사하고 토론하는 활동도 권장해요. 물론 직접 반려동물을 키워보는 것도 좋은 경험이 되겠지요. 반려동물 카페, 동물보호시설 등에서 봉사활동 경험이 있으면 도움이 돼요.

Q 전망은 어떤가요?

A 세계 시장의 규모는 미국이 가장 크고, 유럽연합 그리고 일본과 중국 순이라고 해요. 우리나라도 최근 고령화, 독신가구 증가, 여가 확대 등으로 지속적으로 반려동물 산업이 성장해 왔어요. 반려동물을 키우는 인구가 증가하면서 반려동물의 식품에 대해서 전문적인 관리 요구도 늘어나고 있어요. 사료 시장은 물론 다이어트를 위한 기능성 껌, 수제 육포, 영양제를 비롯해 다양한 간식까지 급격히 성장하는 추세여서 반려동물식품코디네이터의 역할도 증가할 것으로 전망돼요.

TIP | 반려동불박람회, 대한민국펫산업박람회, 회귀애완동물박람회

반려동물장례코디네이터

Q   어떤 일을 하나요?

A   친구 혹은 가족이라 할 수 있는 반려동물이 죽었을 때 동물도 마
지막을 존엄성 있게 보내줄 방법을 찾으면서 반려동물장례코디
네이터라는 직업이 등장했어요. 반려동물 장례에 대한 전반적인
지식을 가진 전문 인력으로 종합장례서비스를 제공하는 역할을
해요. 서비스에는 반려동물 사체 처리, 동물장묘법의 등록과 승
계 등 장묘법에 관련하여 전문가로서의 업무를 수행해요. 사고,
질병, 노화 등으로 죽은 반려동물과의 이별을 준비하는 장례 과
정 전반을 책임지는 전문가예요.

Q   어떤 능력이 필요한가요?

A   자연친화지능, 개인 내적지능, 사회성, 심미성이 필요해요. 동물
자원학과 등에서 동물 관련 전공을 하면 유리하겠지만 특별한 전
공과 상관없이 종합 장례 서비스에 관련된 전문 지식을 갖추면
가능해요.
동물보호법, 폐기물관리법 등 반려동물장례관련법에 대한 지식
을 습득하고 반려동물장묘법과 관련하여 전문가로서 업무를 원
활하게 수행할 수 있는 능력을 갖추어야 해요. 무엇보다 동물을
사랑하는 마음과 아름다운 배려로 보람을 가질 수 있으면 충분히
도전해 볼 수 있어요.

Q 어떤 경험이 필요한가요?

A 반려동물박람회, 대한민국펫산업박람회, 희귀애완동물박람회 등에 관심을 가지고 참관해 보세요.

직접 반려동물을 키워볼 것을 권장하고, 반려동물 카페, 동물보호시설 등에서 봉사활동 경험이 많으면 도움이 돼요. 반려동물장례코디네이터로 활동을 위한 민간 자격증 과정이나 반려동물 아카데미 수강 등 이론과 실습이 필요해요.

Q 전망은 어떤가요?

A 문화체육관광부와 농촌진흥청의 조사에 따르면 우리나라의 4가구 중에서 1가구가 반려동물을 키우는 것으로 나타났어요. 반려동물 관련 시장 규모도 6조 원에 이를 정도로 규모가 커요. 나이, 성별에 관계 없이 평생 전문직으로 꾸준한 수익을 창출할 수 있어요. 반려동물 장례 시설과 기관에 취업할 수 있고 창업이 가능해요. SNS를 활용한 장례 대행 프리랜서 활동도 하면서 보람과 수익을 모두 만들어 낼 수 있는 유망 직업이에요.

복지·실버산업 분야의 미래직업에는 정신대화사, 시니어여가생활매니저, 감정노동치유사, 반려동물관리전문가, 반려동물테라피스트, 반려동물식품코디네이터, 반려동물장례코디네이터 등이 있습니다.

현재 우리나라는 고령화 사회로 빠르게 변화하면서 고독사의 증가, OECD 국가 중 노인자살률 1위를 차지하고 있는데, 이를 예방하고 도울 수 있는 정신대화사, 시니어들의 기쁨과 행복을 찾아 줄 시니어여가생활매니저, 산업현장의 감정노동인을 돕는 감정노동치유사의 역할이 중요해지고 있어요.

반려동물 1000만 명 시대가 됨에 따라 동물보건·훈련·미용 분야 등 본인만의 특화된 영역에서 활동이 가능한 반려동물관리전문가, 반려동물의 마음과 신체를 전문적으로 돌봐주는 반려동물테라피스트, 반려동물의 다양한 식품을 관리하는 반려동물식품코디네이터 등의 수요가 증가하는 추세입니다.

8. 환경·기후

기후변화경영컨설턴트
기후변화전문가
탄소배출권거래중개인
환경병컨설턴트

기후변화경영컨설턴트

Q   어떤 일을 하나요?

A   기업 사정에 따라 기후변화에 대응할 수 있도록 최선의 경영 방법을 조언해 주는 전문가예요. 환경·보건·안전 분야와 더불어 기후변화 분야의 전문 컨설턴트가 기후변화 대응 전략 수립 및 녹색경영체계 구축 서비스 제공을 통해 전 지구적 이슈인 기후변화에 적극 대응할 수 있도록 고객에게 방향성을 제시해요.

Q   어떤 능력이 필요한가요?

A   논리수학지능, 자연친화지능, 문제해결 능력, 분석적 사고력이 필요해요. 경영학과, 경제학과, 산업공학과, 환경공학과, 생명공학과 등 환경 관련 전공을 하면 유리해요.
주로 지구의 온난화와 기후변화에 대한 기업의 대처 능력을 배양하면 도움이 돼요. 에너지 비용 절감 노력과 책임 있는 기업 시민의식이 필요해요. 환경성과 경제성 두 가지를 동시에 고려해야 하므로 논리적이면서도 창의적인 문제해결 능력이 요구돼요.

Q   어떤 경험이 필요한가요?

A   기후변화박람회, 기후와 에너지 관련 국제전시회, 기상청 등 기후 관련 체험관의 참관을 추천해요.

내일을 위한 기후변화 실천계획 만들기, 지구온난화 방지와 이산화탄소 배출 저감을 위한 구체적인 실천 방안을 찾아 아이디어 발표하기 등 지속적으로 환경에 대한 관심을 만들어 가면 좋아요. 이산화탄소를 낮추기 위한 여러 가지 신재생에너지 관련 전시회에도 참관하여 경험을 쌓아가는 노력이 필요해요.

Q 전망은 어떤가요?

A 기후변화 대응은 더 이상 선택이 아닌 필수로, 지속가능성의 중요한 항목으로 평가받고 있어요. 기후변화 문제는 인류 공동의 당면한 과제로 정부, 기업 그리고 개개인의 적극적인 노력이 필요해요. 각 국가마다 기후변화 대응을 위한 다양한 정책을 이행하고 있으며, 기업들은 정부 정책 준수 및 자발적인 대응 노력을 하고 있어요. 이를 통해 기업은 에너지 비용 절감, 사업 기회 창출, 대외 이미지 제고 및 신뢰도 상승 등과 더불어 인류의 미래를 위한 기후변화 대응에 능동적으로 동참하는 책임 있는 기업 시민의 자세를 보여줘야 할 때이기에 기후변화경영컨설턴트가 해야 할 일이 많아지고 있어요.

TIP 기후변화박람회, 기후와 에너지 관련 국제전시회, 기상청, 기후 관련 체험관 신재생에너지 관련 전시회

기후변화전문가

Q 어떤 일을 하나요?

A 과거의 데이터베이스를 분석하여 미래에 기후가 어떻게 변화할지 예측하고, 기후변화의 원인을 분석하며 기후변화에 따른 적응, 온실가스 저감 등의 대응책을 연구하여 기후변화가 각종 산업과 생활에 미치는 영향을 평가하는 일을 해요. 또 기후변화로 인해 나타날 수 있는 위험을 최소화하기 위해 정책과 대책을 마련하는 역할을 하는 전문가예요. 사람들이 기후변화에 적응할 수 있도록 기후변화 조사와 대응 방법 등을 연구하는 일을 해요.

Q 어떤 능력이 필요한가요?

A 논리수학지능, 자연친화지능, 문제해결 능력, 분석적 사고력이 필요해요. 생명공학과, 환경공학과, 대기환경과학과 등 환경 관련 전공을 하면 유리해요.

기후변화에 대한 관심이 필요하고, 수학 및 통계 분야에 대한 지식과 탐구 정신, 수학, 물리학, 지구과학 등 기초과학 과목에 적성과 흥미가 있어야 해요. 해상·기상, 산림·농업 분야의 변화에도 관심을 기울일 수 있고, 창의성, 관찰력, 문제를 깊이 있게 탐구하는 탐구 정신을 갖추면 좋아요. 국제환경법을 이해하기 위한 외국어 실력도 갖추는 것이 좋아요.

Q 어떤 경험이 필요한가요?

A 기후변화박람회, 기후와 에너지 관련 국제 전시회, 기상청 등 기후 관련 체험관의 참관을 추천해요.

환경에 대한 문제의식과 환경 관련 분야의 국제적 트렌드를 분석하고 대응할 수 있는 능력과 경험이 필요해요. 온실가스, 지구온난화, 기후변화 협약, 기상학, 환경, 생물학, 자연과학 등에 대한 독서를 권장하고, 기상 및 기후 관련 기관 탐방 및 직업 체험 활동 경험이 필요해요. SNS에서 기후변화 위기를 알리는 인플루언서 역할도 해보고, 기후변화에 대응하기 위한 실천 방법을 제시할 수 있는 뉴리더의 역할도 경험해 보길 추천해요.

Q 전망은 어떤가요?

A 세계 곳곳에서 벌어지는 기후 재난, 기후변화 위기 시대에 살고 있어요. 기후변화는 사람들의 일상생활뿐 아니라 산업과 지구 전반에 많은 영향을 끼치기 때문에 각 나라별로 기후변화를 방지하고 완화하기 위한 정책과 대책을 마련하는 것이 매우 중요해요. 그래서 기후변화를 연구하고, 기후변화와 관련된 정책과 대책을 만드는 기후변화전문가의 역할도 주목받고 있어요.

TIP 기후변화박람회, 기후와 에너지 관련 국제 전시회, 기상청

탄소배출권거래중개인

Q 어떤 일을 하나요?

A 지구온난화를 일으키는 가장 주요 요인은 이산화탄소예요. 탄소 시장에서 온실가스를 줄이기 위해 탄소배출권을 팔거나 사려고 하는 국가나 기업 간의 거래를 중개해요. 또 탄소 시장의 현황을 분석하고 탄소배출권의 거래 가격 등을 연구하며 고객 발굴을 위한 기업 방문 등의 역할도 해요. 탄소배출권은 국가나 정부에서 지구온난화를 가중시키는 온실가스 배출을 규제하기 위하여 정해진 할당량의 탄소만 배출할 수 있도록 한 권리를 말해요.

Q 어떤 능력이 필요한가요?

A 논리수학지능, 대인관계지능, 의사소통력, 분석력이 필요해요. 환경공학과, 대기환경과학과, 화학공학과 등 환경 관련 전공을 하면 유리해요.

환경과 국제거래에 관한 지식, 기후변화, 에너지 시장을 이해하고 분석하는 능력이 필요해요. 경영학이나 경제학 공부를 통해 금융 거래와 정부 정책에 대한 기본적인 정보나 지식을 갖춰야해요. 지구온난화로부터 지구의 환경을 보호한다는 사명감이 있으면 좋아요.

Q 어떤 경험이 필요한가요?

A 환경이나 기후 관련 박람회나 전시회 참관을 통해 환경보호에 대한 체험을 해보세요.

특히 지구온난화를 막기 위한 다양한 대책 관련 동아리 활동, 독서 활동 등이 좋은 경험이 될 거예요. 어떻게 하면 탄소 중립을 지켜 나갈 수 있는지에 대한 정부 정책에도 관심을 가지면 좋겠어요.

Q 전망은 어떤가요?

A 전 세계적으로 지구온난화를 막기 위한 노력이 더 많아질 것으로 보여요. 우리나라는 2015년에 한국거래소에서 탄소배출권 시장을 개설해 운영하고 있어요. 국내 탄소거래시장은 지속 성장하고 있다고 해요. 2020년 탄소거래시장에 거래된 탄소배출 거래액은 1조 3,300억 원, 거래 규모는 4,400만 톤으로 2019년 1조 831억 원, 3,800만 톤에 비해 증가했어요. 환경부는 탄소배출권의 거래 규모가 확대될수록 온실가스 배출이 감소할 수 있다는 점에서 긍정적으로 보고 있어요. 지구온난화의 환경 문제를 해결하려는 하나의 방법인 탄소배출권 거래 시장은 앞으로 전 세계에서 중요시될 것으로 예상돼요.

TIP 환경 · 기후 관련 박람회, 전시회

환경병컨설턴트

Q 어떤 일을 하나요?

A 사회가 산업화되면서 나타난 질병이 많아요. 아토피 피부염, 알레르기성 비염, 귀 질환의 하나인 공해병, 새집증후군, 천식과 같은 호흡기질환, 계절성 코감기 등이 있는데, 이러한 질병을 환경병이라고 해요. 환경병의 주요 원인은 토양 및 수질 오염, 미세먼지로 인한 대기오염 등이라 할 수 있어요. 《세계미래보고서 2050》에 따르면 환경병컨설턴트는 환경병에 대해 체계적으로 분석·접근해 질병이 확산되지 않도록 설계하는 직업이에요. 환경병에 대한 정확한 원인 규명에 힘쓰며 오염원의 발생을 원천적으로 막을 수 있는 방안을 마련하는 역할도 해요.

Q 어떤 능력이 필요한가요?

A 논리수학지능, 자연친화지능, 창의력이 필요해요. 환경공학과, 대기환경과학과, 화학공학과 등 환경 관련 전공을 하면 유리해요.

환경 문제해결과 자연환경 보전에 대한 사명감을 가지고 있어야해요. 다양한 환경병에 대한 문제를 창의적으로 해결할 수 있는 호기심과 탐구심을 갖추면 좋아요.

Q 어떤 경험이 필요한가요?

A 소음 공해, 중금속 공해, 황사, 미세먼지, 다양한 물질로부터 나오는 환경호르몬 등 환경 공해에 대한 관심을 가지고 관련 책을 읽거나 동아리 활동을 추천해요.

평소에 환경으로부터 오는 질병의 종류, 환경 보건 이슈에 대한 자료 등에 관심을 가지는 노력이 필요해요. 환경박람회, 아토피박람회, 어린이환경안전전시회, 환경산업박람회, 미세먼지 및 공기산업박람회 등에 참관하여 다양한 환경 체험을 해보세요.

Q 전망은 어떤가요?

A 전 세계 6명 중 1명이 환경오염 질환으로 죽어가면서 환경으로부터 오는 질환을 줄이기 위한 노력이 사회적으로 필요하다고 인식되고 있어요. 환경병은 사회적 부담과 질병 부담을 증가시키는 요인으로 국민적 관심과 사회적 화두로 등장하고 있어요.

환경병으로부터 안전하기 위한 노력과 함께 개선 방법을 찾기 위한 노력도 함께 이루어져야 할 중요한 시점에 와 있어요. 더욱 심해지는 황사와 미세먼지 농도로부터 보호받고 자신의 건강을 지키기 위한 다양한 예방관리대책이 필요하기에 환경병컨설턴트의 역할은 더 늘어날 것으로 전망돼요.

TIP 환경박람회, 아토피박람회, 어린이환경안전전시회, 환경산업박람회
미세먼지 및 공기산업박람회

환경·기후 분야의 미래직업에는 기후변화경영컨설턴트, 기후 변화전문가, 탄소배출권거래중개인, 환경병컨설턴트 등이 있습니다.

현재 환경 기후변화 대응은 더 이상 선택이 아닌 필수로, 지속 가능성의 중요한 항목으로 평가받고 있습니다. 기후변화 문제는 전 인류의 공통 과제로 정부, 기업, 개개인의 적극적인 노력이 필요하기 때문에 기후변화경영컨설턴트의 할 일이 많아지고 있습니다. 또 기후변화와 관련된 정책과 대책을 만드는 기후변화전문가의 역할도 주목받고 있습니다. 우리나라는 2015년부터 지구온난화 문제를 해결하기 위해 탄소배출권 시장을 개설해 운영하고 있기 때문에 탄소배출권중개인의 수요도 계속 증가할 것으로 보입니다. 전 세계 인구 6명 중 1명이 환경오염 질환으로 죽어가면서 환경으로부터 오는 질환을 줄이기 위한 노력이 필요하다는 것을 알게 되면서 환경병컨설턴트의 역할도 늘어날 것으로 보입니다.

9. 경영·마케팅·금융

브레인퀀트
대안화폐전문가
최고경험관리자
그로스해커
핀테크전문가
블록체인전문가

브레인퀀트

Q 어떤 일을 하나요?

A 퀀트quant는 '수량으로 측정할 수 있는'이라는 뜻의 단어인 'quantitative'의 줄임말이에요. '브레인퀀트'는 예금이나 적금, 펀드 같은 금융 상품을 만드는 일도 하고, 인공지능AI을 이용해 기업의 가치와 현재의 주가, 시장의 움직임에 대한 예측 통계 프로그램을 만들어 상품을 설계하고 이익을 낼 수 있는지 분석해서 가격을 정하고 투자 결정을 내리는 핵심 역할을 해요. 이를 바탕으로 기업 및 개인 고객에게 투자자문도 하고 정보도 제공하는 일을 해요. 이처럼 다양한 분야에 대해 알아야 하기 때문에 금융계의 종합예술가라고 부르기도 해요.

Q 어떤 능력이 필요한가요?

A 논리수학지능, 대인관계지능, 분석력이 필요해요. 경영학과, 경제학과, 통계학과, 컴퓨터공학과 등 관련 전공을 하면 유리해요. 정보에 대한 판단력, 숫자에 대한 민감성이 있으면 도움이 돼요. 수학과 통계학에 흥미가 있다면 더욱 좋겠지요. 고객에게 상품을 설계하고 투자에 대한 자문도 해야 하기 때문에 의사소통 능력도 키워야 하고 책임감과 윤리의식을 갖추어야 해요.

Q 어떤 경험이 필요한가요?

A 신문과 뉴스를 꾸준히 보면서 세계의 흐름을 이해하고 읽을 수

있어야 해요. 특히 경제 관련 지식을 꾸준히 쌓아가는 노력이 필요해요. 사회적경제박람회, 창조경제박람회 등 경제 분야에 관심을 가지고 참관해 보세요.

학교생활 중에 경제 관련 동아리 활동을 하면 대학 진학에도 도움이 되고 브레인퀀트 직업인으로서 역할을 할 때에도 도움이 클 거예요.

Q 전망은 어떤가요?

A 인공지능화된 펀드 프로그램을 운용하는 개발자이면서 프로그래밍을 설계할 수 있는 설계자의 역할이 점점 중요해지고 있어요. 슈퍼컴퓨터의 발달로 증권전문가나 펀드매니저, 회계사는 미래직업 중 사라질 직업 순위에 포함되어 있지만 브레인퀀트는 전략분석가와 산업애널리스트의 중간자 역할을 하는 미래 금융시장의 핵심이기 때문에 전망은 매우 긍정적이라고 예측해요.

TIP | 사회적경제박람회, 창조경제박람회

대안화폐전문가

Q   어떤 일을 하나요?

A   현재 사용하고 있는 국가의 화폐 외에 개인이나 기업, 지방자치
단체에서 자체적으로 만들어 사용하는 화폐 또는 상품을 대안화
폐라고 해요. 요즘 뜨고 있는 비트코인이나 이더리움 같은 가상
화폐도 대안화폐가 될 수 있어요.

대안화폐전문가는 공인화폐를 대체할 수 있는 화폐를 선별하는
전문가로서 세계의 금융 정보를 수집하고 분석해 국제금융시장
에서의 거래를 통해 투자하는 기업이나 금융기관이 이익을 낼 수
있도록 자문하거나 위험 요소를 분석하는 전문가예요.

Q   어떤 능력이 필요한가요?

A   논리수학지능, 대인관계지능, 분석력과 판단력이 필요해요. 경영
학과, 경제학과, 회계학과, 무역학과, 통계학과 등에서 관련 전공
을 하면 유리해요.

국제금융시장의 정보를 빠르게 수집·분석하는 능력, 대안화폐 거
래를 위한 판단력을 길러야 해요. 그러기 위해서는 국내 경제뿐
아니라 세계 경제의 흐름을 이해할 수 있는 지식을 갖추고 외국
어 능력도 뒷받침되어야 해요.

Q   어떤 경험이 필요한가요?

A   화폐박물관, 화폐전시회, 블록체인 관련 박람회 등에 참관하여

다양한 화폐에 대해 알아보면 좋아요.

화폐는 곧 금융시장과 관련이 있기 때문에 금융에 대한 세계의 흐름을 이해하고 금융 관련 독서 활동이나 동아리 활동을 꾸준히 해 나가길 추천해요.

Q 전망은 어떤가요?

A 대안화폐 시장이 성장하면서 대안화폐전문가의 비중이 커질 가능성이 높을 것으로 예측돼요. 현재는 비트코인이나 이더리움과 같은 암호화폐를 전문적으로 다루는 사람이 증가하고 있어요. 테슬라 기업 CEO는 테슬라자동차를 살 때 비트코인으로 살 수도 있을 것이라고 말했어요. 프랑스를 포함한 세계 여러 나라 중앙은행에서는 디지털 화폐를 통한 기술혁신에 주목하며 개발에 주력하고 있다고 해요.

TIP | 화폐박물관, 화폐전시회, 블록체인 관련 박람회

최고경험관리자

Q   어떤 일을 하나요?

A   최고경험관리자CXO, Chief Experience Officer는 소비자가 제품을 구매하고 사용하면서 긍정적인 경험을 하도록 전략을 구상하고, 고객에게 최고의 경험을 주기 위해 소프트웨어와 하드웨어를 개발하고 책임과 의무를 다하는 고위 경영진 중 한 사람이에요. 제품자체보다는 고객의 경험을 위한 기본적인 문제해결에 초점을 두고 경영목표를 수립하는 역할을 해요.

Q   어떤 능력이 필요한가요?

A   논리수학지능, 대인관계지능 혹은 기업의 성격에 따라 필요한지능, 상황판단 능력이 필요해요. 경영학과, 경제학과, 무역학과, 통계학과 등 관련 전공을 하면 유리해요.

그리고 각 기업에 맞는 기본 지식과 충분한 실무 경력을 갖출수록 유리해요. 최고경험관리자로서 리더십과 추진력, 의사결정 능력과 협상 능력, 조직관리 및 인력관리에 대한 실무 경험이 충분히 쌓여야 해요.

Q   어떤 경험이 필요한가요?

A   경영·경제 관련 독서뿐 아니라 다양한 분야의 독서를 즐길 수 있어야 하고 디자인 감각도 키워야 해요.

디자인 경영이라고 해서 디자이너가 경영자처럼 생각하는 방법을 배워야 한다는 거예요. 디자인을 통해 비전, 꿈과 현실의 조화, 자세, 질, 가치와 같은 내용들을 표현할 수 있는 기술을 익혀야 해요. 경영과 경제 관련 동아리 활동을 통해 고객의 입장을 생각하고 디자인하여 제품까지 창출할 수 있는 아이디어 공모전에 도전해 보길 추천해요.

Q 전망은 어떤가요?

A 현재까지는 제품의 외형 디자인에 집중했다면 미래에는 구매에서 폐기까지도 제품 디자인의 개념으로 보고 있어요. 고객의 입장에서 모든 서비스와 제품을 확인하고 최고 경험의 질을 높이기 위한 노력이 필요한 시대에요. 최고경험관리자의 역할에 따라 기업의 승패가 좌우될 수 있는 중요한 위치이기 때문에 고객의 경험의 질을 올리기 위해 기업 입장에서는 반드시 필요한 사람이에요. 그렇기 때문에 전망이 밝다고 예측돼요.

그로스해커

Q 어떤 일을 하나요?

A 그로스해커란 '성장Growth'과 '해커Hacker'의 합성어로 인터넷과
모바일로 제품 및 서비스를 이용하는 소비자들의 사용 패턴을 빅
데이터로 분석해 적은 예산으로 효과적인 마케팅 효과를 구사하
는 마케터를 의미해요.

그로스해커는 마케터와 엔지니어가 결합된 형태의 직무예요. 빅
데이터를 기반으로 검증 가능한 목표를 설정하여 가설 수립 후
실행하고 성과를 분석하여 다시 새롭고 창의적인 마케팅 전략을
세워 회사를 성장시키는 일을 해요. 고객의 행동을 측정하고 분
석 가능한 툴을 활용하는 능력 또한 그로스해커의 역량이에요.
예를 들면 빅데이터를 통해 스마트스토어, 페이스북, 카카오, 라
인, 인스타그램 등 SNS를 이용하는 사람들에 대한 행태를 분석하
고 활용함으로써 새로운 고객을 불러 모으거나 재방문율을 이끌
어내는 등 새로운 마케팅 기법인 그로스해킹growth hacking을 개발
하고 사용하여 업무를 수행하는 전문가예요.

Q 어떤 능력이 필요한가요?

A 논리수학지능, 언어지능 혹은 대인관계지능, 창의력과 분석력이
필요해요. 경영학과, 경제학과, 무역학과, 통계학과 등에서 관련
전공을 하면 유리해요.

사용자의 제품 이용을 증대시키기 위한 방법을 찾는 데이터 분

석력, 우선순위 결정 능력, 다양한 아이디어 제공 능력, 팀원들과 공유할 수 있고 다양한 이해 관계자들을 설득할 수 있는 문서 작성 및 언어 스킬과 커뮤니케이션 능력, 끊임없는 실험을 반복할 수 있는 끈기와 인내력이 필요해요. 그로스해커가 되려면 데이터를 분석하고 활용할 수 있는 코딩 역량과 통계학적 분석력, 자신이 맡고 있는 상품 혹은 서비스에 관하여 전문가가 되어 스스로 동기부여 할 수 있어야 해요.

Q 어떤 경험이 필요한가요?

A 아마존 베스트셀러인 라이언 홀리데이가 쓴 《GROWTH HACKING》(그로스 해킹)이란 책을 추천해요.
다양한 SNS 활동을 통해 어떤 상품이 어떻게 홍보되는지 공부해 보고, 이를 바탕으로 자신만의 창의적인 아이디어를 가지고 실천해 보는 경험이 필요해요.

Q 전망은 어떤가요?

A 5G 통신망, 스마트폰 보급 등으로 인터넷과 모바일의 이용이 쉬워지면서 이용하는 사람이 많아졌어요. 그로 인해 빅데이터 확보 및 마케팅 전략 수립으로 이어져 그로스해커에 대한 관심이 높아지고 있어요. 빅데이터를 근거 기반으로 의사결정을 하려는 기업들이 점차 많아지고 디지털 트렌드가 이런 변화를 빠르게 확산시키고 있기 때문에 앞으로 그로스해커는 기업의 핵심 요원으로 그 필요성이 더욱 커질 것으로 예상돼요.

핀테크전문가

Q 어떤 일을 하나요?

A 핀테크란 금융Finance과 기술Technology을 결합한 서비스를 말해요. 미래의 새로운 금융서비스를 선도할 '핀테크전문가'는 정보기술IT과 금융을 연계하여 금융서비스를 기획하고 거래 시스템을 구축하는 일을 해요. 또한 금융 거래 시스템을 개발하고 해킹과 같은 금융 사고를 예방하기 위해 정보를 보안하며 스마트폰으로 결제, 저축, 보험 가입, 세금 납부 등을 쉽게 이용할 수 있게 해주는 금융전문가예요.

Q 어떤 능력이 필요한가요?

A 논리수학지능, 언어지능, 대인관계지능, 분석력이 필요해요. 회계학과, 경제학과, 통계학과 등 금융 관련 전공을 하면 유리해요. 여기에 정보통신과 관련된 지식과 보안에 대한 전문 지식과 기술, 보안과 관련된 빅데이터 분석력이 모두 요구돼요. 금융과 IT의 융합에 따른 창의융합 능력과 문제해결력, 신기술에 대한 빠른 이해, 여러 사람과 원활하게 의사소통할 수 있는 커뮤니케이션 능력이 필요해요.

Q 어떤 경험이 필요한가요?

A 금융 관련 박람회, 정보통신 관련 박람회, 핀테크박람회 등에 관심을 가지고 참관해 보세요.

또한 금융이나 정보통신 관련 동아리 활동, 핀테크 관련 지식을 쌓아갈 수 있는 독서 활동이 도움돼요. 남들이 생각하지 못한 창의적인 발상법, 새로운 방식의 문제풀이법 등에 도전해 보는 것도 좋은 경험이 될 거예요. 최근에는 대학에도 핀테크 관련 학과가 생기고 있으니 관심을 가져보세요.

Q 전망은 어떤가요?

A 핀테크 산업은 세계적으로 빠르게 성장하고 있어요. 공인인증서, OTP 카드, 폰 인증번호 등이 없어도 핀 번호만으로도 간편하게 송금, 결제, 예금, 대출 등을 실시간으로 이용할 수 있고, 핀 번호 대신 얼굴, 홍채, 목소리 등 생체인식 정보를 등록하여 사용할 수 있는 기술이 점차 확대되고 있기 때문에 금융보안 쪽에 많은 발전이 기대되고 있어요. 핀테크 산업의 대표적인 분야인 페이pay는 카카오페이, 네이버페이, 삼성페이, 구글페이, 애플페이 등 경쟁이 치열해요. 해외 핀테크 산업은 영국과 미국을 중심으로 발전해 왔으며, 최근에는 중국이 핀테크 투자를 확대하며 고속 성장하고 있어요.

TIP | 금융 관련 박람회, 정보통신 관련 박람회, 핀데그박람회

블록체인전문가

Q 어떤 일을 하나요?

A 블록체인 기술을 적용하기 위한 소프트웨어를 설계하고, 블록체인시스템을 통해 암호화폐 혹은 가상화폐를 개발하기도 하고, 이러한 화폐를 실생활에서 사용할 수 있도록 프로그램을 개선하고 보완하는 일도 하며, 화폐 거래 내역을 공개하고 금융데이터 위조를 방지하는 전문가예요.

블록체인Block Chain이란 데이터를 담아두는 블록block을 체인chain 형태로 이은 것으로 데이터를 수많은 컴퓨터에 복제해 저장하는 분산형 저장 기술을 말해요. 일종의 분산형 거래장부로 거래 정보를 중앙 서버에 저장하는 것이 아닌 여러 곳으로 분산해 동시 저장하는 기술이기 때문에 해킹과 조작이 굉장히 어려워요. 이러한 블록체인 기술을 다루는 사람이 '블록체인전문가'예요.

Q 어떤 능력이 필요한가요?

A 논리수학지능, 대인관계지능, 창의적 사고력이 필요해요. 컴퓨터공학과, 소프트웨어공학과, 정보보호학과 등 관련 전공을 하면 유리해요.

수학을 좋아하고 암호학과 관련된 지식을 익히고 프로그래밍을 통해 새로운 알고리즘을 찾고 만들어 낼 수 있는 능력이 필요해요. 융합적인 지식이 필요하므로 산업공학, 경영학, 경제학, 회계학 등의 지식도 함께 쌓으면 도움이 될 수 있어요.

체계적이고 논리적으로 생각하는 능력과 독특하고 창의적이고 창조적인 사고력을 갖추면 좋아요. 다양한 사람과 소통할 수 있어야 하기 때문에 커뮤니게이션 능력을 소유하면서 다른 사람을 이끌 수 있는 자기주도적인 리더십이 있으면 도움이 돼요.

Q 어떤 경험이 필요한가요?

A 수학, 컴퓨터프로그램, 코딩 등과 관련된 지식에 흥미를 가지고 다양한 체험을 통한 경험을 쌓으면 좋아요. 또한 블록체인과 관련된 독서를 통해 기본적인 지식을 습득하면서 정보의 흐름을 아는 것도 중요해요.
블록체인 관련 박람회, 전시회, 금융 관련 박람회, 화폐박람회에서의 체험도 필요하고 탐구하고 분석하는 흥미를 가지면 좋아요.

Q 전망은 어떤가요?

A 최근 4차 산업혁명과 함께 이슈로 떠오른 것이 가상화폐인 비트코인, 이더리움 등이에요. 가상화폐로 거래할 때 해킹을 막기 위한 기술로 블록체인이 사용되고 있어, 비트코인 광풍 속 블록체인기술전문가 수요가 크게 증가할 것이라는 전망이에요. 2050년에는 대다수의 사람들이 블록체인 아이디를 가지고 있을 것이라고 예측하고 있어요. 글로벌 금융, 무역, 의료, 게임 등 대기업들도 블록체인 시스템 도입을 적극 검토하고 있는 추세예요. 사실상 위조가 거의 불가능해 거래의 신속성과 안정성이 보장되고 기술적 오류나 인건비가 절감되는 효과를 가져다주기 때문이에요. 또, 금융 외에도 적용 가능한 분야가 많아 과학기술정보통신부에서도 블록체인전문가 양성 계획을 수립하여 교육 프로그램 운영에 힘쓰고 있어요.

주로 금융, 보안, 의료, 물류, 게임 등의 분야에서 활동할 수 있으며, 앞으로 블록체인 기술을 접목할 수 있는 거의 모든 산업 분야에서 활동할 수 있을 것으로 예상되며 관련 일자리 수요도 많이 늘어날 것으로 보여요.

TIP | 블록체인 관련 박람회, 전시회, 금융 관련 박람회, 화폐박람회

학부모 TIP

경영·마케팅·금융 분야의 미래직업에는 브레인퀀트, 대안화폐전문가, 최고경험관리자, 그로스해커, 핀테크전문가, 블록체인전문가 등이 있습니다.

현재의 금융시장은 디지털 금융으로 체질 변화를 시도하면서 핀테크, 레그테크, 인슈어테크 등이 금융산업의 환경을 빠르게 변화시키고 있습니다. 경영이나 마케팅도 기술혁신만이 아닌 소비자 가치에 집중하는 상황입니다. 금융권은 인공지능, 빅데이터 분석 등을 적용한 보안은 물론 블록체인을 이용한 간편인증서비스, 유튜브 등 뉴미디어를 활용한 스마트 프로젝트, 핀테크나 스타트업 기업과 금융권의 결합을 통한 새로운 금융 혁신을 추진하고 있습니다. 비트코인이나 이더리움 같은 대안화폐 시장의 성장에 따라 대안화폐전문가의 비중도 커지면서 블록체인 시스템 도입을 추진하고 있습니다.

10. 세계·글로벌

국제회의전문가

국제회의전문가

Q 어떤 일을 하나요?

A G20정상회의, 유네스코, 아세안회의 같은 국제회의나 전시회 등의 기획 및 유치, 준비, 진행, 회의 목표 설정, 국내외 홍보 등을 총괄 지휘 감독하는 전문가예요. 전반적인 기획을 한 후 참가자 등록업무, 숙박, 행정, 관광, 전시회 등의 국제회의 관련 준비를 진행하고, 국제회의의 원활한 진행을 위해 통역사 및 관련 종사자를 섭외하는 일도 해요.

Q 어떤 능력이 필요한가요?

A 대인관계지능, 언어지능 혹은 논리수학지능, 기획력이 필요해요. 컨벤션학과, 국제학과, 경제학과, 경영학과, 커뮤니케이션학과 등 관련 전공을 하면 유리해요.
국제회의전문가로서 필요한 영어, 불어, 중국어 등 다양한 외국어 소통 능력이 필수이며, 회의에 대한 꼼꼼한 기획력, 조직력과 실행력이 요구돼요. 국제회의전문가로서의 자부심과 열정, 성실성이 필요하며 국가의 위상을 세워나갈 수 있는 역할이기 때문에 강한 애국심과 책임감, 맡은 역할을 끝까지 해낼 수 있는 끈기도 필요해요. 국가자격증으로는 문화체육관광부에서 주관하고 한국산업인력공단에서 시행하는 컨벤션기획사(1, 2급)가 있으니 취득하면 좋겠지요.

Q 어떤 경험이 필요한가요?

A 다양한 분야를 경험하고 많은 사람과 소통할 수 있는 장점이 있으면 좋아요. 학급회의, 학교 행사 준비 및 진행 등의 경험을 통해 스텝들을 관리하고 통솔할 수 있는 리더십과 의사소통 능력, 여러 상황에 빠르게 대처할 수 있는 위기관리 능력을 키워나가면 좋아요.

인터넷 검색, SNS 활용, 문서 작성에 필요한 파워포인트, 엑셀 등도 기본적으로 갖춰야 해요. 국내외에서 주관하는 국제 관련 전시회, 공연 등에도 관심을 가지고 참관해 보고, 다양한 독서와 영화, 여행 등의 인문학적 소양을 갖추는 것도 중요해요. 광고와 정기간행물, 신문 등을 보면서 창의적인 아이디어를 기획해 보고 이를 실행해 보는 것도 좋은 경험이 될 거예요. 배낭여행이나 어학연수 등을 통해 다양한 세상의 문화를 경험해 보고, 국제회의나 전시회 아르바이트나 인턴·수습사원 등을 통한 현장에서의 직접 경험도 중요해요.

Q 전망은 어떤가요?

A 국제회의 사업은 세계의 각종 문제를 해결하는 장으로서의 역할은 물론 관광 산업의 한 분야로 새롭게 각광 받고 있어요. 최근 우리나라의 MICE 산업이 좋은 평가를 받으면서 국제회의전문가가 유망 직종으로 떠오르고 있어요. MICE란 회의Meeting, 포상 관광Incentives, 컨벤션Convention, 이벤트와 전시Events & Exhibition의 약자로, MICE 산업은 국제행사를 진행하고 조직하는 산업을 말해요.

선생님,
미래를 어떻게 준비해요?

5

미래를 대비할 준비는 어떻게 해야 할까요?

로봇이나 인공지능이 미래에 인간의 직업을 빼앗을 것이라는 예상은
참으로 걱정되는 일이에요. 그렇지만 걱정만 할 필요는 없어요. 잘 알
고 대비할 방법을 찾으면 돼요. 미래에 대해 앞서 고민하고 연구한 미
래학자들의 이야기를 알아볼게요.

《새로운 미래가 온다》는 책을 쓴 다니엘 핑크는 '미래는 다른 생각
을 가진 다른 종류의 사람의 것이 된다'고 해요. 창조하고 공감할 수 있
는 사람, 패턴을 인식하고 의미를 만들어 내는 사람, 큰 그림을 그릴 줄
아는 사람이 사회에서 최고의 부를 보상받을 것이고 가장 큰 기쁨을
누릴 것이라고 해요. 제대로 준비하는 사람에게는 위기가 아니라 더
많은 기회가 온다는 의미예요.

뇌과학자인 김대식 교수는 사라지지 않을 직업들에 대해 판사, 국회
의원 등 사회의 중요한 판단을 하는 직업, 심리치료사, 정신과의사 등
인간의 심리, 감성과 연결되는 직업, 새로 데이터를 창조하는 직업이
라고 했어요. 인공지능이 기존의 데이터로 학습할 능력은 인간이 따라
가기 어려울 거예요. 하지만 완전히 새로운 데이터를 만들어 낼 능력

은 부족해요.

니콜라 사디락 프랑스 '에꼴 42' 교장은 다가올 20년 후 "미래의 우리에게 필요한 역량은 자동회될 수 없는 역량, 인간 본연의 역량입니다", "창의, 예술, 사람들과의 상호작용, 공감은 가까운 미래에 자동화될 수 없는 역량이죠"라고 했어요.

미래학자들의 내용을 정리해 보면 사람이 인공지능과의 경쟁에서 이길 수 있는 힘은 문제해결력, 사고력, 창의력, 의사소통 능력이라는 것이에요. 현재 세상에 나와 있는 것을 새로운 시각으로 바라보고 둘 이상의 지식이나 상품을 합해 새로운 것을 만들어 내는 융합창조를 하는 능력이 필요하다는 거죠.

우리나라 대기업들은 높은 연봉을 제시하면서까지 AI 인재를 모셔 가기 위해 노력하고 있어요. 인공지능 인재가 되면 앞으로 더 좋은 대우를 받을 수 있으니 준비를 잘하면 좋은 기회를 잡을 수 있겠지요.

그럼 어떻게 준비해야 할까요?

첫째, 미래에 필요한 기술을 공부해 보세요

2015년 개정된 교육과정에서 창의융합형 인재를 양성하는 것이 목표라고 해요. 인문학적 소양, 창의력을 바탕으로 한 기술력, 인성을 갖춘 인재로 성장시키겠다는 것이지요. 도입 이유는 4차 산업혁명과 관계가 커요. 수학이라는 과목 못지않게 미래 기술을 익히는 것도 중요하다고 생각하는 것이지요.

2022 교육과정 개정 추진방향은 지금의 온라인 수업 방식 외에 인공지능AI과 가상현실VR, 증강현실AR을 활용한 체험, 실습 등을 학습하게 된다고 해요. 선진국들은 이미 만 5세부터 19세까지 코딩을 비롯한 소프트웨어 교육을 의무화해 미래 인재를 양성하고 있어요.

우리나라도 2018년부터 중학교 1학년, 2019년부터 초등학교 5, 6학년을 대상으로 연간 17시간 소프트웨어 교육을 의무화해 미래 인재를 키우고 있어요. 요즘은 중요과목을 국, 영, 수, 코라고 해요. 그만큼 코딩은 4차 산업혁명 시대에 중요해요.

전문가들은 "미래에는 코딩을 모르면 살아가기 어렵다"고 말해요. 코딩은 컴퓨팅 사고력을 기르는 핵심으로 초등학교 저학년부터 코딩을 배우게 될 것이라고 해요. 하지만 학교에서 배우는 시간이 많지 않아 추가로 더 공부할 필요가 있어요.

교육부에서는 2025년부터 프로그래밍, 인공지능 기초원리, 인공지능 활용, 인공지능 윤리를 유치원부터 고등학교까지 교육한다고 해요. 그만큼 인공지능 교육은 미래를 준비하는 데 절실하다는 증거예요.

학부모 TIP

중학교 1학년은 2018년부터, 초등학교 5~6학년은 2019년부터 소프트웨어 교육이 의무화되어 학교에서 연간 17시간 이상 배우고 있지만 턱없이 부족합니다. 갈수록 초등 저학년부터 시작할 필요가 커지고 있어 더 많이 접할 기회를 마련해 주는 것이 필요합니다.

4차산업과 관련한 AR, VR, 3D프린팅, 코딩에 대한 학습과 경험을 꾸준히 해서 기본적인 지식과 능력을 갖출 필요가 있어요. 코딩을 공부하고 경험하면 논리력, 창의력, 문제해결력을 키울 수 있어요.

둘째, 4차산업에 대해 체험하고 경험하며 친하게 지내요

여러분도 경험했겠지만 AR, VR 체험은 즐겁죠? 학교에서도 코딩을 배울 거예요. 코딩은 수학처럼 중요한 과목이에요. 3D프린팅 기술이 무엇인지 체험해 보는 것도 좋아요. 이런 기술들을 많이 배우고 체험하면서 친해져야 해요. 또 인공지능 관련 책도 읽어보고 배우면 좋아요. 자주 보면서 이야기를 나누고 활동을 하다 보면 처음에는 낯설다가도 시간이 흐르면서 편안해지고 친해져요. 4차산업 기술도 마찬가지예요. 자주 접하지 못해서 낯설고 두려운 거예요. 자주 만나다 보면 친한 친구가 될 거예요.

이런 기술들은 여러분이 살아가는 데 기본적인 기술이 될 거예요. 어릴 때 말을 하고 글을 쓰기 위해 노력했던 것처럼 아주 당연히 익혀야 할 기술이지요. 책 마지막에 체험하면 도움이 되는 곳을 정리해 두었으니 참고해서 공부도 하고 체험도 해보세요.

학부모 TIP

학생들과 진로 상담을 할 때 방과 후에 무엇을 배우는지 질문을 하면 대부분 기본적으로 국어, 영어, 수학이라고 답합니다. 여기에 예체능 수업을 한두 가지 더 하더군요. 그런데 안타까운 것은 4차산업 관련 기술을 배운다는 학생은 찾아보기 힘들었습니다.

물론 국,영,수도 중요합니다. 하지만 4차산업 관련 기술은 국, 영,수 못지않게 중요한 과목입니다. 아이들에게 필요한 기술을 미리 경험하고 친해지도록 해주세요. 관련 책도 읽게 하고 체험도 할 수 있는 기회를 꼭 마련해 주세요.

셋째, 독서는 인공지능과의 경쟁에서 승리할 강력한 힘이에요

유명한 미래학자 엘빈 토플러는 "미래는 예측하는 것이 아니라 상상하는 것이다. 미래에 대해 상상하기 위해서는 독서가 가장 중요하다. 미래를 지배하는 힘은 읽고, 생각하고, 커뮤니케이션하는 능력이다"라고 했어요.

미국의 시카고대학교와 관련된 노벨상 수상자가 73명이나 된다고 하니 노벨상 대학교라고 불릴 만하죠. 무명의 대학을 변화시킨 로버트 허친스 총장은 학생들에게 교양 교육으로 고전 100권을 읽도록 권장했어요. 일명 '시카고 플랜'이라고 해요.

고전 저자들의 사고력이 그들의 두뇌 깊은 곳에서 서서히 자리 잡기 시작했고, 마침내 100권에 이르자 그들의 두뇌가 송두리째 바뀌었다고 해요. 고전 속에서 진리를 발견하고 위대한 인물을 만나도록 한 것이지요.

서울대학교가 2005년 권장도서 100선을 선정하고 수업과 토론을 통해 고전 읽기를 장려했어요. 책을 많이 읽고 독서토론을 많이 하면 비판적 사고력이 키워져요. 미래 인재의 중요한 역량 중 하나인 비판적 사고는 객관적 증거에 비추어 사태를 비교·검토하고 인과관계를 명확하게 해 여기서 얻어진 판단에 따라 결론을 맺거나 행동하는 과정을 말해요. 책을 많이 읽으면 당연히 언어뿐 아니라 수학과 과학 등 학습 능력이 키워져요.

책을 많이 읽지 않는 사람은 문장을 이해하는 능력이 떨어져서 어려움을 겪지요. 어릴 때부터 책을 많이 읽은 사람은 새로운 단어를 많이 알게 되어 어휘력이 높아지고 더 나아가 문장 이해력도 높아져요. 그래서 공부를 잘하는 데 큰 힘이 돼요.

혹시 책을 읽을 때 주변의 다른 소리가 들리지 않는 것을 경험해본 적이 있나요? 그것이 바로 집중력인데 책을 읽다 보면 집중력도 길러져요. 어느 기관에서 조사한 내용인데 어릴 때 책을 적게 읽은 친구와 많이 읽은 친구는 나중에 회사원이 되었을 때 일의 능력도 차이가 나고 월급에서도 차이가 난다고 해요.

가장 중요한 것은 책을 많이 읽을수록 상상력도 풍부해져요. 그러면 문제해결 능력과 창의력을 키우는 데 큰 도움이 되지요. 상상과 사고를 통해서 뇌를 활발히 자극시키기 때문에 책 읽기 습관이 되면 뇌를 활동적인 상태로 유지시켜 사고력이 발달하게 된다고 해요. 풍부한 배경 지식과 간접 경험이 사고력을 높여 주는 것이지요.

결국 사고력과 문제해결력, 창의력이 높아지는데 바로 이것이 인공지능과의 경쟁에서 사람이 이겨낼 힘이 돼요.

학부모 TIP

선진국은 독서교육을 공교육의 최우선 과제로 두고 유치원 시기부터 체계적인 독서교육을 시작합니다. 프랑스는 초등학교 3학년부터 매일 최소 2시간씩 읽기와 글쓰기 수업을 의무화했다고 해요. 주당 최소 5시간씩 읽은 책에 대해 재음미 수업도 한다고 합니다. 학교에 독서 전문교사를 두어 독서능력 진단, 부진아동 프로그램도 실시합니다. 어릴 때부터 책과 친해질 수 있는 환경을 만들어 주세요.

인간은 본래 충동성을 가지고 있어요. 아이들의 집중력이 높을 수록 실행력이 높아집니다. 충동성이 높으면 주의 집중을 방해하고 실행력을 떨어트리고, 결국 삶의 질이 하락하게 됩니다. 게임 등 자극적인 활동을 하며 집중하는 것을 반응성 집중력(수동적 집중)이라고 하는데 이런 행위는 충동성을 높이게 됩니다. 더 자극적인 것을 경험하고 싶어 하지요. 독서나 공부를 하며 집중하는 것을 초점성 집중력(능동적 집중)이라고 하는데 의식적 집중이고 이런 행위는 충동성을 약화시키는 효과가 있습니다.

가장 좋은 방법은 부모가 책과 가까이하고 읽는 것이지요. 때로는 같은 책을 함께 읽고 독서토론을 하는 것도 좋은 방법입니다. 특히 미래직업 분야는 아직 초기 단계이거나 세상에 드러나지 않은 분야가 많습니다. 그러니 4차산업과 관련한 책들을 접할 수 있도록 기회를 많이 주세요.

넷째, 친구들과 함께 문제를 해결하는 경험을 많이 해요

여러분의 친구들은 실제 경쟁 상대가 아니에요. 사람은 각자 잘하는 것이 달라요. 서로가 가지고 있는 재능을 모아 함께 해결하려는 노력이 필요해요. 여러분의 경쟁 상대는 인공지능이 될 거예요. 그렇기에 더더욱 힘을 모아 인공지능과의 싸움에서 이겨야겠지요. 사회는 소통하고 협력하는 능력이 있는 친구를 원해요.

여러 명이 힘을 모아 과제를 해결해야 할 상황이 갈수록 많아지고, 혼자서 해 나아갈 일은 점점 줄어든다고 해요. 사람은 누구나 강점이 있으면 약점도 있어요. 그렇기에 내가 가진 강점을 최대한 발휘하고 내게 부족한 부분은 친구의 도움을 받아 해결하면 놀라운 결과를 만들 수 있어요.

학교에서 진행되는 참여형 수업과 다양한 활동을 통해 다른 친구들과 힘을 합해 과제를 해결하는 경험도 협력심을 높이는 방법이에요.

학부모 TIP

부모라면 누구나 아이가 경쟁에서 이기는 것을 바라겠죠. 그 마음을 충분히 이해합니다.

그렇지만 갈수록 협력하여 일하는 것이 중요하고 그런 경험과 능력이 필요한 사회가 되고 있습니다. 학교에서 이뤄지는 창의적 체험 활동과 팀으로 진행하는 스포츠 등 학교 밖에서도 그런 경험을 많이 할 수 있도록 도와주세요. 협업이 왜 필요한지 이해시켜 주는 것이 중요합니다. 전문가들의 말에 따르면 아이의 협동심은 부모와의 관계에서 영향을 많이 받는다고 합니다. 어릴 때부터 부모와 대화를 활발히 한 친구들은 다른 아이와 의견이 다를 때 조율하는 능력이 뛰어나다고 합니다.

그리고 은연중에 다른 아이와 비교하는 대화는 하지 않는 것이 좋습니다. 그런 대화가 아이에게 경쟁심을 불러일으키고 그로 인해 협업해야 할 이유를 모르게 됩니다.

다섯째, 사람들과 소통하는 능력이 필요해요

여러분은 각자 다른 성격, 능력, 흥미를 가지고 있어요. 다른 것인데 틀린 것이라고 생각하면 친구들과 사이가 멀어질 수밖에 없어요. 친구의 생각이 나와 다르더라도 존중하는 태도가 필요해요. 친구의 말을 잘 들어주고 나와 다른 생각을 말하더라도 "그럴 수도 있겠구나"하고 공감해 주는 사람일수록 친구가 많아요.

책을 많이 읽는 것도 공감 능력을 높이는 데 좋아요. 책 속에서 여러 사람의 생각을 접하며 다른 생각도 많다는 것을 이해하게 되므로 다른 친구들의 생각이 나와 달라도 공감해줄 수 있어요.

친구들과 토론하는 경험을 많이 하는 것도 소통 능력을 키우는 데 도움이 돼요. 앞에서 이야기한 비판적 사고력도 많은 토론 경험을 통해 길러지기도 해요. 비판이 공감을 얻기 위해서는 현상에 대한 객관적 검토와 함께 다른 사람의 생각도 흡수하고 비판과 함께 대책을 내놓으면서 함께 해결하려는 노력이 필요해요.

탈무드식 토론의 원칙 세 가지예요.
첫째, 여러 가지 다른 의견을 들을 것
둘째, 여러 가지 다른 의견을 말할 것
셋째, 모두가 빠짐없이 말할 것

이런 과정을 통해 나와 다른 생각도 경청하고 공감해 주는 힘과 내 생각을 논리적으로 정리해 설득하는 힘이 길러져요.

기성세대는 교사 주도의 일방적 교육에 익숙하고, 토론에 참여할 기회가 극히 적은 환경에서 자랐습니다. 경험이 부족하다 보니 비판과 비판적 사고를 구분하지 못하는 경우가 종종 있고 다른 생각을 수용하지 못하고 다툼이 생기는 일도 많습니다. 비판이 필요하기는 하지만 비판만으로 끝나면 자칫 부정적인 사람으로 인식됩니다.

아이들의 소통 능력을 키울 수 있는 경험, 부모님과 아이가 같은 책을 읽고 독서토론을 하는 방법을 권합니다. 지속적으로 하다 보면 분명 다른 사람의 생각도 인정해 주고 자신의 관점을 명확하게 표현하는 모습을 보게 될 것입니다.

여섯째, 꿈이 현실이 되려면 꾸준한 노력이 필요해요

여러분이 원하는 꿈, 목표, 직업이 생겼어요. 그럼 무엇이 필요할까요? 원하는 것을 이루려면 꾸준한 노력이 필요하겠지요. 자신의 꿈을 이룬 분들의 공통적인 말씀이에요.

"성장은 결코 저절로 이뤄지지 않는다. 성장하려면 의도적으로 노력해야 한다."

두 가지가 중요해요. 분명한 목표와 실천하는 습관이지요. 애들라이 게일Adlai Gail이라는 심리학자는 중·고등학교 학생 200명에게 설문을 실시해서 자기 목적성이 뚜렷한 학생과 그렇지 못한 학생을 선발했대요. 그리고 두 집단의 청소년들이 시간을 어떤 식으로 보내는지 조사했다고 해요.

공부에 투자하는 시간을 비교한 결과, 자기 목적성이 뚜렷한 집단은 그렇지 못한 집단에 비해 공부에 투자하는 시간이 두 배나 많았다고 해요.

반면 TV 시청 시간을 비교한 결과, 자기 목적성이 낮은 집단은 자기 목적성이 높은 집단에 비해 TV 시청 시간이 두 배나 더 많았다고 해요. 스마트폰이나 인터넷, 그리고 TV 시청에 너무 많은 시간을 낭비하고 있다면 그것은 자기 목적성이 부족하기 때문이라고 해요.

내가 어떤 일을 하고 살 것인지, 내 직업 목표에 대해 고민하며 알아보고 결정하는 일이 내가 공부하고 노력하는 이유를 분명히 하는 것이에요. 그러면서 내 생활 습관 중 바꿔야 할 것을 생각해보고 습관을 바꾸는 노력을 꾸준히 하는 게 좋아요.

선생님의 아들도 잘못된 습관을 바꾸기 위해 목록을 만들어서 매일 잠자기 전에 스스로 점검하고 평가하며 올바른 습관을 만들어 지금은 자신이 원하는 일을 하면서 즐겁게 지내고 있어요.

참고로 보여 드릴게요.

생활 실천 계획

일주일 동안 내가 계획한 내용을 얼마만큼 잘 실천했는지 매일 점검해
보세요. 잘했으면 ○, 보통이면 △ , 잘못했으면 × 해 보세요.

실천내용	/	/	/	/	/	/	/	자기평가
TV 시청은 토요일 저녁만 한다. 평일은 1시간 이내로 시청한다.								
게임은 토요일에 1시간 정도 한다.								
공부할 때 핸드폰을 밖에 놓는다.								
시간표는 무슨 일이 있어도 다 한다.								
학교, 학원, 스스로 공부할 때 집중한다.								
줄넘기를 하루에 100~150개 한다.								
식사관리를 잘한다.								
수면시간은 밤 11시 30분~아침 7시로 한다.								
아침에 일어나 1시간씩 책을 읽는다(방학 중)								
쉬는 날에도 최소한 2시간 이상 공부한다.								
누가 시키지 않아도 스스로 공부한다.								
예습과 복습을 하루도 빠짐없이 한다.								
숙제는 빠지지 않고 열심히 한다.								
한 달에 네 권의 책을 읽는다.								

위 내용은 나의 양심에 어긋나지 않게 정확하게 점검했습니다.

일주일 동안 나의 생활을 점검하고 지켜지지 않은 점은 반드시 지키도
록 하겠습니다.

202 . . .

(인)

"아이들이 진로를 찾는 것, 그것이 자기목적성을 뚜렷하게 하는 유익한 방법입니다. 자녀에게 편협한 교육을 강요한다면 이 교육이 자녀의 경력을 유지하게 할 수 있을까요?"

미국 올린공과대학교 학장인 빈센트 마노의 말이에요.

아이가 왜 공부를 열심히 해야 하는지 그 이유를 찾도록 해주는 것이 필요합니다. 아이가 유혹에 휘둘리고 있다면 그것은 간절히 원하는 목표를 아직 찾아내지 못했기 때문이겠죠. 아이의 진로적성검사를 통해 아이에 대한 객관적 이해를 바탕으로 수많은 직업 중 아이에게 적합한 직업을 3~5개 이내로 압축해 보세요. 그 직업에 대해 직·간접 경험을 할 수 있도록 도움을 주세요. 직업을 이해하고 확신이 들도록 만들어 준다면 진로목표가 생겨 자기 주도적인 공부를 하게 됩니다.

문제는 실천의 지속성인데 아이의 올바른 생활습관 형성을 위해 제시한 사례를 참고하여 가능한 부모님도 스스로 생활 실천 항목을 정해 함께할 것을 권합니다.

아이와 부모가 본인의 생활을 주 단위로 스스로 평가하며 격려할 때 지속적인 실천이 이루어질 것입니다. 4차 산업시대는 정해진 틀에서만 생각하는 것보다 틀 밖의 창조적 사고를 필요로 합니다.

찰스 브라이어는 "새로운 아이디어는 연약해서 비웃음이나 하품을 받으면 쉽게 죽어 버린다. 놀림을 받으면 칼로 찔린 것처럼 아프고, 찡그린 얼굴을 보면 너무 걱정이 돼서 죽어 버린다"고 했어요. 아이들의 작고 사소한 아이디어도 칭찬하고 격려해

줄 때 아이의 생각은 더 커지게 됩니다. 정답을 많이 알고 있는 사람이 강자가 아니라 창의력과 문제해결력이 있는 사람이 절대 강자가 될 테니까요.

오랜 시간 읽어 줘서 고마워요. 읽고 나서 미래에 대한 막연함이나 불안감이 조금이라도 풀렸나요? 아직 눈에 보이지 않고 생활 속에서 직접적으로 느끼지 못하기는 선생님도 마찬가지예요. 궁금하기도 하고 불안하기도 하지요.

변화가 찾아오면 어려움을 겪기도 하지만 준비된 사람에게는 더 큰 기회가 찾아와요. 앞에서 이야기한 것처럼 미리 상상하고 준비한다면 여러분이 성장하여 직업 활동을 할 때 유능한 사람이 되어 많은 곳에서 서로 모셔 가려고 할 거예요.

미래 상상 노트를 작성하면서 미래 자신의 모습을 상상해 보세요. 미래 자신의 모습을 상상하면서 "나는 잘할 수 있다!"는 자신감을 가지고 차근차근 공부하고 경험한다면 멋진 모습으로 성장할 거예요.

선생님도 여러분의 멋진 모습을 상상하고 응원해요.

여러분,
멋진 미래를 응원해요

_____ 의 미래 상상 노트

꿈의 명함 붙이기

이　름: _____

학　교: _____

연락처: _____

이메일: _____

나의 다짐

그동안 내 생활에 대한 반성을 해보고, 자신의 꿈이 이루어지기를 간절히 빌어본다는 마음으로 기도문을 써 보세요.

나의 VISION

삶의 원칙

소중한 가치

직업 목표

나의 강점

내가 발견한 내 강점을 적어 보세요.

실천 각오

스스로의 각오를 적어 보세요.

미래의 내 모습

1년 후 나의 모습

3년 후 나의 모습

5년 후 나의 모습

10년 후 나의 모습

미래로 여행을 떠나 미래를 현재처럼 생각하고 자신이 원하는 나의 모습
을 적어 보세요(예: 나는 ○○○이 되었다).

_____ 년 ___ 월 실천 목표

분야	꼭 하고 싶은 일
공부	
건강	
자기계발	
습관 고치기	
가족 행복	
친구 관계	

이달에 하고 싶은 일을 분야별로 한두 가지 정도 적어 보세요(계획이 없는 항목은 비워 두세요).

① 공부는 특히 이달에 중점을 두고 싶은 과목을 적어도 좋고, 시험이 있다면 과목별로 도전 점수를 기록해 보세요.

② 건강은 운동이나 규칙적인 생활, 식사 등을 계획해 보세요.

③ 자기계발은 책 읽기, 예체능 활동, 자격증 도전, 취미 활동 등을 기록해 보세요.

④ 습관 고치기는 이달에 집중적으로 고칠 나쁜 습관을 선정해 보세요(예: 7시에 일어나기, TV는 하루 한 시간 보기, 예쁜 말하기, 인사 잘하기 등).

⑤ 가족 행복은 가정에서 내가 할 역할을 찾아 기록해 보세요(예: 내 방 정리하기, 청소 도와주기).

⑥ 친구 관계는 이달에 친해지고 싶거나 화해하고 싶은 친구를 적어 보세요. 어떤 식으로 친해지거나 화해할 것인지도 적어 보세요.

_____ 년 ___ 월 중요 행사

행사 날짜	행사 내용	내가 준비할 일	필요한 돈

이달의 중요한 일을 미리 알아보고 기록해 보세요.

- 가족이나 친구, 선생님의 생일 / 집안 행사(기념일, 결혼, 여행, 외식 등) / 중요한 시험(학교, 자격증 등) / 중요한 약속 등을 적어 보세요.

- 내가 준비해야 할 일을 미리 생각하고, 돈이 필요하다면 미리 계획하고 준비해 보세요.

___월 ___주 일일 실천 점검

분야	일일 목표	/	/	/	/	/	/	/	스스로 평가하기
공부									
건강									
자기계발									
습관 고치기									
친구 관계									
가족 행복									

일주일 동안 내가 계획한 내용을 얼마만큼 잘 실천했는지 매일 점검해 보세요.

아주 잘했으면 ○, 보통이면 △, 잘못했으면 X 해보세요.

매주 한 번 일일 실천 점검표를 가지고 부모님과 대화해 보세요.

___ 월 ___ 주 스스로 평가하기

스스로 칭찬할 점:
_____

_____

반성할 점:
_____

_____

부모님께 듣고 싶은 칭찬

부모님 칭찬 한마디

_____ 년 ___ 월 미래직업 책 읽기 계획

일시	책제목	출판사/작가	기억에 남는 내용과 소감

매달 미래직업을 이해하고 공부할 책을 계획해 보고 읽은 뒤 중요한 내용
이나 소감도 정리해 보세요.

_____ 년 ___월 미래직업 체험 계획

일시	방문할 체험관	준비물	체험 소감

매달 미래직업 체험할 곳을 다음 페이지의 미래직업 알아보기 좋은 체험관을 참고해 계획해 보고 체험 후 소감도 정리해 보세요.

미래직업을 알아보기 좋은 체험관

지역		기관명	홈페이지 주소
서울 특별시	강서구	김포공항 국립항공박물관	http://www.aviation.or.kr/index.do
	강서구	미디어스페이스	http://www.mediaspace.co.kr/
	구로구	G밸리 4차산업체험관	http://gtour.or.kr/
	노원구	서울시립과학관	http://science.seoul.go.kr/
	동대문구	서울약령시한의약박물관	http://museum.ddm.go.kr/
	마포구	서울에너지드림센터	https://seouledc.or.kr/
	마포구	한국영화박물관	https://www.koreafilm.or.kr/museum/main
	서대문구	서대문형무소역사관	https://sphh.sscmc.or.kr/
	서초구	한전아트센터박물관	http://home.kepco.co.kr/
	서초구	삼성딜라이트	https://www.samsungdlight.com/
	종로구	국립어린이과학관	https://www.csc.go.kr/
	종로구	서울대학병원의학박물관	http://medicalmuseum.org/
	종로구	윤동주문학관	https://www.jfac.or.kr/site/main/content/yoondj01
	종로구	서울역사박물관	https://museum.seoul.go.kr/
	종로구	서울디자인박물관	
	종로구	대한민국역사박물관	www.much.go.kr
	종로구	신문박물관	http://presseum.or.kr/
	중구	한국현대문학관	www.kmlm.or.kr
	중구	SBA서울애니메이션센터	http://www.ani.seoul.kr/
	중구	한국금융사박물관	http://www.shinhanmuseum.co.kr/
	영등포구	KBS ON 견학홀	https://office.kbs.co.kr/kbson/
	용산구	X스페이스	https://3dsangsang.com/

지역		기관명	홈페이지 주소
대전 광역시	유성구	엑스포과학공원미래에너지움	https://dco. energy. or. kr/futureenergium
	유성구	국립중앙과학관	https://www. science. go. kr/
	유성구	화폐박물관	https://museum. komsco. com/
	유성구	한국지질자원연구원지질박물관	https://museum. kigam. re. kr/
광주 광역시	동구	장황남정보통신박물관	http://changicmuseum. chosun. ac. kr/
	북구	녹색에너지체험관	https://www. energy. or. kr/green/
	북구	국립광주과학관	https://www. sciencecenter. or. kr/
부산 광역시	기장군	국립부산과학관	https://www. sciport. or. kr/
	동구	부산과학체험관	http://scinuri. pen. go. kr/
	영도구	국립해양박물관	www. knmm. or. kr
울산 광역시	남구	주연자동차박물관	
	중구	넥스테이지	https://nextage. energy. or. kr
대구 광역시	달서구	녹색에너지체험관	https://www. energy. or. kr/green_tk/
	달성군	국립대구과학관	http://www. dnsm. or. kr/
	동구	대구섬유박물관	http://www. dtmuseum. org
	중구	대구약령시한의약박물관	http://www. daegu. go. kr/dgom
경기도	고양시	한국항공대학교 항공우주박물관	www. aerospacemuseum. or. kr
	과천시	국립과천과학관	https://www. sciencecenter. go. kr/
	남양주시	남양주종합촬영소	http://bynyjstudio. co. kr
	남양주시	구리신재생에너지홍보관	경기도 구리시 토평동 9-1
	부천시	부천만화박물관	http://www. komacon. kr/comicsmuseum/
	부천시	부천로보파크	http://www. robopark. org/
	수원시	기후변화체험교육관두드림	http://www. swdodream. or. kr/
	수원시	한국나노기술원	http://www. kanc. re. kr/
	양평군	잔아박물관	http://janamuseum. com/

지역		기관명	홈페이지 주소
경기도	용인시	삼성화재교통박물관	www. stm. or. kr
	의왕시	철도박물관	https://www. railroadmuseum. co. kr/
	파주시	화폐박물관	http://cafe. naver. com/ currencymuseum/52
	하남시	하남역사박물관	https://www. hnart. or. kr/museum/index. do
강원도	춘천시	토이로봇관	http://www. animationmuseum. com/Toy/ index
	평창군	신재생에너지전시관	강원도 평창군 대관령면 경강로 5754
충청도	서천군	국립해양생물자원관	http://www. mabik. re. kr/
	청주시	디지털미디어체험관	https://www. cheongju. go. kr/land/ contents. do?key=8322
	청주시	충북과학체험관	https://www. cbnse. go. kr/playscience/ main. php
경상도	밀양시	기상청	https://science. kma. go. kr/
		국립기상박물관	https://science. kma. go. kr/museum/#close
	사천시	항공우주박물관	http://kaimuseum. co. kr/kor/
	창원시	경남로봇랜드 테마파크	https://robot-land. co. kr/group/exp_ info0a. php
	창원시	창원과학체험관	https://www. cwsc. go. kr/
	창원시	로봇랜드	https://robot-land. co. kr/
	창원시	경주세계자동차박물관	http://carmuseum. co. kr/
	포항시	한국로봇융합연구원	http://www. kiro. re. kr/
전라도	강진군	교통안전교육종합체험관	http://www. gjtsec. kr/
	고흥군	나로우주센터 우주과학관	https://www. kari. re. kr/narospacecenter/

지역		기관명	홈페이지 주소
전라도	담양군	담양에코센터	http://gihoo.damyang.go.kr/
	목포시	목포어린이바다과학관	https://mmsm.mokpo.go.kr/
	남원시	남원항공우주천문대	http://spica.namwon.go.kr/
	부안군	신재생에너지테마파크	http://nrev.or.kr/
	부안군	신재생에너지테마체험관	http://nrev.or.kr/subIndex.php?con_id=theme01
제주도	서귀포시	제주항공우주박물관	www.jdc-jam.com
	서귀포시	세계자동차&피아노박물관	http://worldautopianomuseum.com/